U0352635

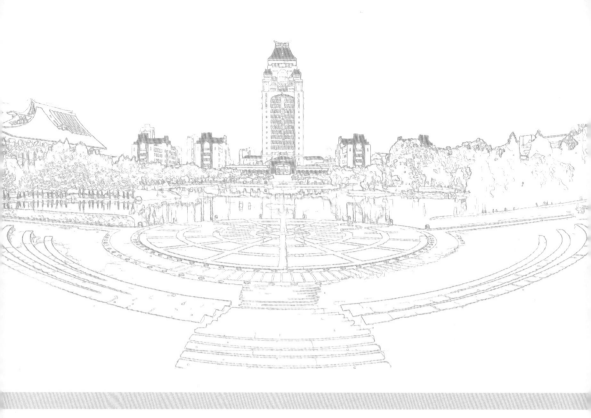

本书编委会

主　编：康俊勇

编　委：李书平　李金钗　蔡伟伟　吴晨旭　赖虹凯

笃行南强路

——纪念厦门大学半导体学科建设六十周年

半导体光电材料及其高效转换器件协同创新中心

厦门大学物理学系

厦门大学出版社 国家一级出版社
XIAMEN UNIVERSITY PRESS 全国百佳图书出版单位

图书在版编目(CIP)数据

笃行南强路:纪念厦门大学半导体学科建设六十周年/半导体光电材料及其高效转换器件协同创新中心,厦门大学物理学系. —厦门:厦门大学出版社,2017.10
ISBN 978-7-5615-6693-0

Ⅰ.①笃… Ⅱ.①半…②厦… Ⅲ.①半导体物理学-文集 Ⅳ.①O47-53

中国版本图书馆 CIP 数据核字(2017)第 257966 号

出 版 人	蒋东明
责任编辑	眭 蔚
封面设计	蒋卓群
技术编辑	许克华

出版发行	厦门大学出版社
社　　址	厦门市软件园二期望海路 39 号
邮政编码	361008
总 编 办	0592-2182177　0592-2181406(传真)
营销中心	0592-2184458　0592-2181365
网　　址	http://www.xmupress.com
邮　　箱	xmup@xmupress.com
印　　刷	厦门市明亮彩印有限公司

开本	720mm×1000mm　1/16
印张	12.75
插页	2
字数	243 千字
版次	2017 年 10 月第 1 版
印次	2017 年 10 月第 1 次印刷
定价	60.00 元

本书如有印装质量问题请直接寄承印厂调换

厦门大学出版社
微信二维码

厦门大学出版社
微博二维码

序

人类文明发展的不同阶段,通常以其生产材料和工具特征加以命名,如石器时代、青铜器时代、铁器时代。在当今信息时代,人们都会体会到生活方式日益便捷,生活丰富多彩。如果有人问,我们这个时代最具代表性的生产材料是什么? 人们可能会不约而同地回答是半导体。不难想象,在憧憬美好生活的驱使下,一代代半导体人前赴后继,不断开发出新的半导体材料、器件以及系统,以应对瞬息万变的时代需求。然而,厦门大学地处台湾海峡前沿,由于特殊的地理环境,改革开放前百业待兴。尽管1956年秋,厦门大学就与北京大学、复旦大学、南京大学、东北人民大学(现吉林大学)五校联合创办我国半导体学科,但一直到改革开放后,厦门大学半导体学科的教学科研条件仍然极其简陋。然而,厦大半导体人造福人类、服务社会的抱负从没有泯灭过。21世纪伊始,在校友积极倡导下,时任厦大校长陈传鸿教授通过"985"工程一期,毅然启动了萨本栋微机电研究中心的建设,并邀请中科院王启明院士在厦大组建半导体光子学研究中心,以期振

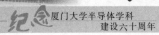
兴半导体学科。在我国半导体学科创建 50 周年的 2006 年,正式拉开了新的一幕,重新点燃了厦大半导体人的南强梦。

怀揣着蓝色的南强梦,在强烈的社会责任感和使命感的推动下,十年来,执着的厦大半导体人风雨兼程,在自强不息的南强路上砥砺前行。在现实社会中,大学不再是象牙塔,笃行南强路仍然需要抓铁有痕的实干精神。半导体晶体生长的规律告诉我们,若要萌芽状态的胚芽能"劫后余生",其规模尺度必须大于一定的临界值,方能抗击各种外力的猛烈冲击而成为核心。聚集半导体教学和科研人才的"核心",可以小至科研设备大至研究中心。为了搭建厦大半导体教学和科研高地,我们在厦门大学分子束外延(molecular beam epitaxy, MBE)/扫描探针显微镜(scanning probe microscope, SPM)超高真空联合系统等建设经验基础上,进一步研发原位半导体纳米结构综合测试系统、强磁场下半导体外延及原位检测系统,得到国家自然科学基金重点专项的资金支持;建立了液氦制备系统和自然极限的低温实验条件,完成几代厦大半导体人的诸多夙愿。同时,厦大半导体人凝聚共识,经各级竞争与协调,建设了福建省重点实验室;紧接着整合半导体应用的研发力量,披荆斩棘,建成教育部工程研究中心。面对各种院系机构调整、人员变动,厦大半导体学科不但没有消失,而且与半导体光电材料及其高效转换器件的高新企业、高校及中科院研究机构联合创建的协同创新中心获得福建省教育厅认定,呈现出发展壮大的良好势头。值此我国半导体学科创建 60 周年之时,盛邀共襄盛举的人们,回顾这段艰辛而光荣的峥嵘岁月,见证这一代厦大半导体人自强不息践行南强梦的历程。

十年来,厦大半导体人在创新开拓、引领行业的时代背景下,披星戴月,在南强路上快步前行。我们秉承物理为先导,材料为基础,应用为目标的原则,协同各个方向的才俊,共同谱写半导体研发的新篇章。当多数人还在用传统的方法来设计和构造 GaN 基半导体有源结构时,厦大半导体人一次次搭建计算机集群新系统,用第一性原理设计和模拟数百个原子高 Al 组分 AlGaN 半导体超大原胞,首次引入能带空间结构图示方法,探索极强极化特性、局域应变及其调控措施;用精湛的金属有机气相外延技术,生长出可观测到 200 nm 深紫外激子极化激元光发射的高纯度 AlN 半导体,攻克了制备单原子层、维度和掺杂位置可控等难题;实现了对深紫外光波段不同波长的窄带光电探测,引领深紫外光成像从黑白进入彩色时代;拓展紫外 LED 光发射波长至 200 nm,引领三安光电参与厦大牵头的国家"863"计划课题,步入了 AlGaN 紫外 LED 产品的开发;开拓了光学各向同性深紫外光波导材料,为深紫外光电子集成打下坚实基础。当许多人还在为如何实现 P 型 ZnO 半导体而苦恼时,厦大半导体人已利用 ZnO 与 ZnSe 间的 Ⅱ 型异质界面,将通常仅在 PN 结中才能发生的光生电子和空穴分离在界面的两侧;开发出赝晶 ZnO 纳米线,有效地容纳了极大的失配应力,通过控制直径的线度调控晶格常数乃至禁带宽度,将异质界面的带隙从紫外拓展到红外,神奇地将 ZnO 宽带隙半导体应用于可吸收全太阳光谱的光伏器件。当人们还在摸索如何减少器件表面的光反射时,厦大半导体人已跳出该框架,将特殊的金属结构镀于半导体器件表面,巧妙地利用金属表面感应出等离子激元,将器件向侧面发射的紫外光从正面引出,并开创性地应用于深紫外 LED 器件。厦大半导体人甚至用金属的全同团簇,在半导体表面大面积地构建出有序的二维晶格,实现了人们期冀已久用金属材料控制电子传播宛如半导体晶体的梦想,并进一步构造出超原子晶格,揭开金属中电子可控传播崭新的一页。正当科学家们面对信息社会对半导体的高要求而感到"山重水复疑无路"时,厦大半导体人也悄然开启石墨烯二维新材料的探索,揭示单晶生长的规律,长出大面积单晶膜,并开拓其新应用;同时,开辟了探索电子自旋特性的先进实验手段,为未来核心电子材料的制备奠定了基础。回顾近十年的历程,厦大半导体人不但努力,而且巧妙地利用物理学的规律,无论在材料还是应用方面,均唱响了以往国内并不擅长的晶体生长主旋律。厦大熠熠生辉的半导体晶体生长事业,无论是借助"囊萤"和"映雪",还是厦大半导体人发光和发热,都值得我们细细品味,为笃行南强路提供借鉴。

"终身之计,莫如树人。"为了造就厦大半导体事业的葱郁,十年来,厦大半导体人始终把培养人才放在首位。为夯实学生专业基础,在课堂上处处可见教师与学生互动的身影。甚至不计工作强度大、难度高,根据学生的研究方向,在同一课程中选用不同的国际著名英文新专著作教材,以拓展学生的视野。为获得研发的真谛,在课堂外常常响起老师与年轻学子们热论的和声。为杜绝急功近利的浮躁心态,实验室里都留下师生携手共建半导体材料生长和表征设备的印记。多少个不眠夜,师生们揣摩着攻克难题的方法,不懈尝试,迎接突破性进展的曙光。年轻的厦大半导体学子们在材料和器件及其应用方面纷纷生根、开花、结果。有得到国内外同行们广泛认可的学术论文,也有企业产品中采纳的材料、器件、方案等;有入选 ESI 全球最有影响力论文,也有入选十二大太阳能光伏电池新技术;有被提名全国物理学优秀博士论文,也有入选全国百篇优秀博士论文,开创了厦大工科博士论文获此殊荣的先河。他们许多已成长为教授、专家或高级工程师和企业骨干。在满园桃李芬芳时,让我们重温十年勤业寒窗苦,以此铭记师长无私奉献之品德,激励新一代园丁肩负起振兴半导体事业的重任,勇于创新,引领未来。

康俊勇
2016 年 12 月

目 录

一 毕至群贤 协同创新

二 囊萤映雪 晶工生辉

三　勤业博学　桃李芬芳

一

毕至群贤　协同创新

协同行业龙头　引领产业发展

——记半导体光电材料及其高效转换器件协同创新中心建设

李书平　吴志明　李金钗

　　半导体光电材料与器件的发展与应用是当代科技发展的重要标志之一,其渗透于半导体照明、太阳能光伏、激光、信息获取与显示、光输入/输出、光存储、光通信等应用产品。在当今节能环保的时代背景下,半导体光电材料与器件,包括光转换成电和电转换成光,已成为两大高技术、高附加值产品,并且光与电之间的高效转换成为此类产品的发展趋势。全球光电产业多层次的竞争格局日益明显,掌握核心技术、标准与品牌的发达国家牢牢控制着产业发展的主导权,而发展中国家的低成本优势随着更多新的发展中国家对跨国产业转移的争夺而逐渐弱化,产业可持续发展的压力日益加大。近年来,我国和半导体光电材料与器件相关的光电产业已具有相当的规模,正逐步成为我国经济发展的重要支柱。尤其是光电显示背光源、半导体照明、光伏等技术的发展速度明显加快,与国际水平差距相对较小。然而,我国半导体光电材料和器件产业规模大而不强,产品利润率低,产业发展仍然面临着技术相对落后、研发力量分散、低水平重复建设严重、"市场需求、材料研制、器件研制、产品工程化"链条断节等诸多挑战。

　　为此,国家出台了多项政策,在光电领域提出了重大的需求和规划,相应地,福建省设立六大千亿元产业链集群,大力推动经济区发展。因此,集合我省优质资源,建设半导体光电材料及其高效转换器件协同创新中心,将有利于加快技术和产品的更新换代,完善产业链,提高产品国际竞争力。厦门大学向来为我省光电材料和器件研究的重镇,为了进一步协同最强力量,集中最大优势,构筑海西半导体光电新高地,牵头联合乾照光电股份有限公司、福建师范大学、福建物质结构研究所三大优势资源单位,组成核心层;联合厦门三安光电股份有限公司、厦门华联电子有限公司、瀚天天成电子科技(厦门)有限公司、福建省艾而丹光电科技有限公司、青岛杰生电气有限公司、中国科学院长春光学精密机械与物理研究所、中国科学院半导体研究所、台湾大学、台湾交通大学等企业与科研院所,形成放射型协同网络;强化体制革新和产学研协作,于2014年初正式建立了半导体光电材料及其高效转换器件协同创新中心,并于 2015 年 9 月被认定为省级协同创新中心。

一、协同创新中心发展目标

中心从我省经济社会发展需要出发,按照"高起点、高水准、有特色""国家急需、世界一流"的要求,主动对接区域光电产业发展的重大需求,通过校校、校企、校地创新力量的深度融合,围绕科技创新、人才培养和学科建设 3 条主线,强化机制体制改革与产学研紧密结合两大保障,实现中心的发展目标,具体如下:

(1)通过体制机制创新,开展多学科的协同攻关,构筑海西半导体光电材料及其高效转换器件创新产学研高地,以突破一批关键共性技术,形成一批优势产品,全面提升我省在光电产业的竞争力。

(2)围绕重大需求,以任务为牵引,集聚一批光电领域高水平优秀人才,打造多支海西半导体光电材料及其高效转换器件创新团队,以解决区域产业重大问题,提升产品性能。

(3)通过构建创新人才协同培养体系,有效集成协同单位优质教育资源,建立科研反哺教学机制,建设人才、学科、科研三位一体的创新科技体制示范基地,培养一批光电产业新锐人才,为区域光电产业关键科技提供支撑。

(4)建设福建省光电产业科技创新、人才培养和国际、国内学术交流的重要平台。

二、协同创新中心体制机制改革

各协同单位已签署协同中心共建合作协议,从组织管理、人事聘任、人才培养、科研管理、师资配置 5 个方面持续协同推进机制体制的综合系统改革,建立"校、所、企"三重驱动的协同创新体制机制。

组织管理:中心设立理事会,理事长由校、所、企分管领导组成,实行理事长(包括副理事长)并行协商制和轮值召集制的运行模式,以利于组织管理新机制的优势互补。理事会下设学术委员会、管理委员会及中心主任,负责监督中心的各项工作。根据发展方向,中心设置 4 个研究方向,每个研究方向下设研究团队。研究团队实行首席科学家负责制,统筹科研任务分工,负责研究人员、经费、实验室等资源配置。中心定期邀请国内外同行对中心运行情况及专项工作进行评估。目前,相关管理团队已聘任到位。

人事聘任:中心打破各自单位界限,建立校、所、企统一的人事聘任新制度,着力构建以科研、技术和行政管理三者协同的高水平人才队伍。科研和技术支撑队伍建设坚持培养与引进并重,以各单位所聘优秀人才为骨干,并积极招聘吸收海内外科技人才(团队)作为补充。扩大博士后招收规模,面向海内外招收优秀博士进站从事博士后工作,根据研究任务需要,博士后在站工作期限可不受限制。

人才培养:中心根据"人格定位高起点、学术活动高层次、文化活动高品位"的目标定位,建立"寓教于研、创新主导、协同培养"新模式,着力于培养学术、专业和工程三类人才。实施青年学术带头人和学术骨干支持计划、青年教师海外支持计划;依托地方工作站、实践基地,对本行业各类技术人员进行分批培训,提高行业工艺操作水平和工程实践能力;为各企业骨干技术人员继续深造提供机会;实施研究生、本科生成长导师制,分别在主要协同单位建立多个校外学生创新基地和实践基地,设立课外科技创新基金和科研助手制度,开放所有科研实验平台,开展"互换生涯"活动,完善科技创新鼓励办法等,以较好地培养学生的创新精神和实践能力。

科研管理:中心建立以新产品开发为导向的首席科学家项目负责制。中心的科学研究活动在总体研究发展方向下,由中心主任主持领导,接受学术委员会的评议、咨询和监督。坚持以科学前沿问题为导向,以国家重大需求为牵引,在协同创新中不断发现和解决重大科学问题,形成可持续发展、充满活力的科研组织模式。中心各研究方向的科学研究活动由首席科学家组织实施,对中心主任负责。中心科学研究实行科研团队制,科学研究项目实行协同申请制。

资源配置与共享:中心经费按照实施方案和年度计划统一规划使用。整合各单位相关学科仪器设备,建立各单位大型仪器一体化共享平台,设立统一信息网站和仪器使用预约系统,实行统一管理,有偿使用。按照仪器的用途和性能对其进行分类,成立各单位统一的相关仪器专家组,负责对相应的大型仪器进行评估、咨询与建议。大型仪器专家组包含了主任工程师、责任教授、主干用户等。专家组同时负责新方法的建立和对仪器进行有效的改进,以适应特定的研究需求,全面提升共享平台的仪器使用效率和水平。

三、实施成效

1. 构筑海西半导体光电材料及其高效转换器件创新产学研高地

(1)协同创新任务实施成效

协同创新中心紧密围绕核心研究方向,在国家光电重大研究方面,在既有课题协同攻关的基础上,联合申报了新的国家重大科研攻关项目。自协同创新中心成立以来,核心协同单位承担科研项目更为多元化,不仅申请并承担了一批"973"和"863"计划、国家自然科学基金等国家、地区和企业的重大科研任务,2016年更是获得了多项"十三五"规划的重点研发计划项目立项资助,总经费比协同前增加近6000余万元,共发表SCI、EI收录论文数百篇,为牵头单位物理学科、工程学和材料科学进入全球ESI前1%做出了较大的贡献;产生国家发明专利近百项、新产品数十个、省市科技奖 4 个,为地方经济发展做出了重要贡献。

在协同中心全体成员的共同努力下,经过近两年的努力,在发光二极管(light-emitting diode,LED)研发方面,攻克高 Al 组分 AlGaN 材料 P 型掺杂困难问题,取得了突破性进展,将空穴浓度由 $10^{15}\ cm^{-3}$ 提高至 $10^{18}\ cm^{-3}$。研发出单芯片功率高达 46 mW 的深紫外 LED,为国际领先水平。在 LED 相关检测方法与技术研发方面,开发出独具特色,拥有自主知识产权的测试设备和应用软件。与厦门强力巨彩光电科技有限公司合作的"LED 全彩屏模组在线自动检测及产业化应用"和"高可靠性超薄灯驱合一 LED 大屏幕全彩显示屏在线自动测试系统及产业化技术"获得可喜成果并实现产业化。项目技术在技术工艺等多方面创新,技术水平达到国内领先水平。在新型太阳能电池研发方面,首次将宽禁带半导体光吸收范围突破至 0.9 eV 以下的短波红外区域,实现了对 94% 太阳光谱的吸收,位列国际同类器件最高水平,为宽带隙半导体在太阳能电池中的应用提供了新的研究思路。在高效太阳能电池研发方面,开发四结太阳能电池,解决了子电池间电流匹配问题,效率高达 34%,达国际最高水平,为进一步提升我国天宫等航天器性能奠定了坚实的基础。

(2)核心平台构筑

中心围绕建设目标建立了多元化经费汇聚机制,基本实现了资源围绕任务的资源调度和配置机制。依托厦门大学"福建省半导体及应用重点实验室",整合"国家光电子晶体材料工程技术研究中心""教育部微纳光电子材料与器件工程研究中心""福建省半导体照明工程技术研究中心""福建省省级企业技术中心""厦门市光电信息材料与器件工程技术研究中心"等科研平台,构筑了国内一流的半导体光电材料及其高效转换器件的研发平台。2014—2015 年,中心落实 5000 m^2 创新平台;2016 年,在厦门大学物理机电航空新大楼建设了近700 m^2 的超净实验室空间,用于实现半导体光电材料及器件的中试线。2014 年以来,中心新增了用于开展半导体材料生长的 MOCVD 系统、强磁场分子束外延设备、ALD 以及用于表征半导体材料形貌、电子结构等特性的强磁场 STM、SEM、Raman、XRD 设备和太阳能发电系统中试线等,总价值近 4000 万元。目前,中心总体用房面积30700 m^2,仪器设备总资产超 7 亿元,为后续协同中心成果进一步应用与转化奠定了扎实的基础。

2. 打造海西半导体光电材料及其高效转换器件创新团队

(1)汇聚领军人才

借助灵活的机制体制,通过积极的培育和成功的运作,协同创新中心不仅汇聚了数十位光电领域的高端人才,共同推进协同创新中心在科研、人才、学科等方面的发展,还确立了持续引领半导体光电材料及其高效转换器件研究的领军地位。中心建立实施了首席科学家、访问学者、人才柔性聘用、岗位聘任、绩效评价与职称晋升等一系列人事管理制度,形成了集聚各类人才的机制优势和品牌优势,已初步建立了一支由"院士""国家杰青""闽江学者"等国内外知名学者组成的高层次领军人才队伍;组建了一批由高层次领军人才领衔、以中青年学术骨干为核心,结构合理、充满活力,能解决产业发展重大问题的高水平创新团队;选聘了一支精通业务、乐于奉献、专兼结合的高素质的管理队伍和技术服务队伍。中心现成员近百人,其中研究人员90余人,管理人员10人;专职人员中具有正高级职称的有40人。中心拥有院士3人、"国家杰青"3人、"闽江特聘教授"5人、"百人计划"人才4人、"新世纪优秀人才支持计划"3人、科技部创新人才推进计划"中青年科技创新领军人才"1人、厦门市"双百"人才1人。

图1　2016年协同创新中心年会参与人员合照

（2）打造创新团队

中心打破各自单位界限,建立校、所、企统一的人事聘任新制度,着力构建以科研、技术和行政管理三者协同的高水平人才队伍,着力建设高水平的创新团队。经过精心组织与整合,已在4个协同方向建立了8个创新团队。

半导体光电材料生长方向:该方向以厦门大学康俊勇教授为首席科学家,由厦门大学、厦门乾照光电股份有限公司和福建物质结构研究所共同支撑建设。该方向已组建了LED和太阳能电池结构材料两个创新团队,形成了一支在国内具有较大影响力、具备满足光电材料生长重大需求能力的队伍。

半导体光电器件制备方向:该方向以厦门乾照光电股份有限公司王向武教授为首席科学家,由厦门乾照光电股份有限公司和厦门大学共同支撑建设。该方向已组建了LED和太阳能电池器件制备创新团队,形成了一支在国内具有较大影响力、具备满足器件制备与产品应用重大需求能力的队伍。

半导体光电材料与器件表征方向:该方向由福建物质结构研究所兰国政研究员为首席科学家,与厦门大学共同支撑,组建了一支在国内具有较大影响力的创新团队,为各协同创新单位提供必需的材料和器件表征服务。

半导体光电应用产品开发方向:该方向以福建师范大学黄志高教授为首席

科学家,与厦门乾照光电股份有限公司和厦门大学共同支撑建设,组建了一支在国内具有较大影响力、具备满足开发高效 LED 和太阳能电池光电产品应用重大需求能力的队伍。

通过一年多的磨合,汇聚海峡两岸顶级专家学者的协同创新中心精心打造了"高质量半导体材料生长""半导体材料器件设计""半导体材料表征""紫外 LED 研发""白光 LED 研发""半导体激光研发""高效太阳能电池研发""新型太阳能电池研发"8 支创新团队,分别由协同单位的顶尖专家领衔,由学术骨干支撑,在国家级重大课题的联合申报、课题研究过程中的精诚合作、创新人才培养、创新性成果的产出等方面已经显现出较为明显的效果。

3. 培养海西半导体光电材料及其高效转换器件新锐人才

(1)开创人才培养新模式

中心建立了"拔尖人才+创新团队"的人才聘用和培养模式,在"院士""国家杰青""闽江特聘教授"等高层次领军人才的指导下,中青年教师学术水平和创新能力得到有效提升;实施青年学术带头人和学术骨干支持计划、青年教师海外支持计划,选拔优秀教师带薪赴世界排名前 100 高校进修访问,并给予额外生活补助,已选拔多名优秀青年教师到国外知名高校访问研究;设立了青年教师开放基金和校级科研引导基金,加大博士后培养力度,引导和资助青年学者进行学科前沿探索。青年教师成长环境得到明显改善,学术创新能力得到进一步提升。自协同创新中心成立以来,共培养和引进"闽江特聘教授"2 人、国家"千人计划"创业人才 1 人、"新世纪优秀人才支持计划"2 人、福建省杰出青年人才 2 人。

(2)高端人才培养

中心按照"寓教于研、创新主导、协同培养"理念,坚持以科学研究和实践创新为导向,不断提高研究生培养质量。实施研究生导师组和企业导师制,加强校企协同培养;初步建立了以科研经费和研发基金为主导、助研经费为保障的奖助学金体系;完善了"做中学""研中学"的创新人才培养模式;统筹中心各类资源,积极推进研究生协同培养。

选派多名优秀研究生赴国外知名高校和研究机构进行联合培养或深造,拓宽国际视野;同时利用高校的教学资源优势以及企业的实践特长,开展光电领域博士生和博士后共同联合培养,如根据乾照光电提出的合作开发国际领先的高效多结太阳能电池需求,厦门大学除对研发人员进行部署外,还实施了博士生等高端人才培养计划,在完成研发任务的同时,派遣参与项目的张永博士到乾照光电工作,参与该成果的产业化工作。通过约 2 年的工艺摸索,中心已使该产品的性能与美国同类空间太阳能电池相当,并应用于国内多颗卫星和多个地面光伏电站,包括 2013 年底登陆月球的"嫦娥三号"。根据该培养模式,2014 年,中心选派姜伟博士到核心协同单位乾照光电开展博士后研究工作,并聘任乾照光电技术总监张永博士为本中心客座副教授,共同指导姜伟博士开展四结高效太阳能电池产业化工作,有望在年内形成新产品且其性能达国际领先水平,为我国的航天事业做出重要贡献。另外,还选派臧雅姝博士到主要协同单位三安光电开展博士后研究工作,而三安光电选派郑锦坚和钟志白工程师到厦门大学攻读博士学位,分别从事与高效率蓝光 LED 和深紫外 LED 相关的研发工作;主要协同单位瀚天天成选派孙永强工程师到厦门大学攻读博士学位,合作开展第三代半导体新型材料和器件研发。

根据"人格定位高起点、学术活动高层次、文化活动高品位"的目标定位,为研究生培养创造了良好的学术文化环境。毕业研究生深受广大院校和企业青睐,研究生一次就业率每年保持在 95% 以上,已经形成了了育人品牌。

实施本科生成长导师制,中心分别在华联电子、冠捷显示科技、元顺微电子、艾而丹光电、昇利扬科技等单位建立了多个学生创新基地和实践基地,设立课外科技创新基金和科研助手制度,开放所有科研实验平台,开展"互换生涯"活动,完善科技创新鼓励办法等,较好地培养了学生的创新精神和实践能力。学生在全国和福建省"挑战杯"大学生课外科技创新竞赛和创业计划大赛中成绩突出,共获得省级以上奖项 5 项,其中国家奖 3 项;本科生一次就业率每年保持 90% 以上。

(3)面向产业的技术骨干

依托地方工作站、实践基地,对本行业各类技术人员进行分批培训,提高行业工艺操作水平和工程实践能力;为各企业骨干技术人员继续深造提供机会,已招收华联电子、三安光电等工程硕士数十名,工程硕士由高校导师和企业导师共同指导,研究内容与企业生产实践有机结合,切实做到"工""学"两不误、两促进;组织本领域知名专家到典型企业和地方工作站举办专题讲座(或学术报告)10余场,较好地提高了光电技术企业各类人才的专业水平;实施"企业访问学者"制度,已聘任 3 名企业技术人员到中心担任访问学者,与中心教师对光电领域共性关键技术进行协同攻关,提高了访问学者的技术创新能力。

立足研发基础　构筑技术高地

——记教育部微纳光电子材料与器件工程研究中心建设

李书平　陈金灿

　　微纳光电子材料与器件教育部工程研究中心筹建于 2007 年 11 月。该平台的建设是原有厦门市光电信息材料与器件工程技术研究中心、福建省半导体材料及应用重点实验室平台建设的进一步发展,在厦门大学半导体学科近十年的发展历程中发挥了重要作用。现就该平台建设的基础与机遇、目标、研究方向、成效等情况给予回顾与总结。

一、平台建设基础与机遇

　　随着现代功能材料和器件的迅速发展,人类进入了信息时代。由于信息量的飞速增长,以半导体为代表的材料和器件结构尺度日益减小,已从微米向纳米尺度过渡,电子器件对信息的处理速度迅速发展,同时带动了以微电子技术为基础的微型部件从单元到微机电系统的迅猛发展。国内外许多大学、研究机构、公司都相继投入大量的人力物力开展微纳光电子材料器件与系统的研究,相关产品的更新换代正成为新一轮的产业增长点。我国在光电子材料与器件的研发方面也取得了一些可喜的进展,相关技术取得了一些重要的突破,光电子产业已有相当的规模,形成了完整的产业链,正逐步成为经济发展的重要支柱。

　　厦门大学在光电子材料、器件制备与应用研究方面已有 50 年的基础,从1956 年参与全国五校联合创办第一个半导体物理学科以来,相继研发出全国第一台晶体管收音机、第一个 GaP 平面发光二极管(LED)、第一台平板示波器等,获多项国内第一,具有很强的研发实力。已投入了 1 亿多人民币建设从微纳光电子材料器件到系统制备较完整的开放性研究平台,并在此基础上,依托厦门大学半导体光子学研究中心,结合相关平台建设经验,开始申报教育部重点实验室平台。在申报的过程中,由于申报名额的限制,最初申报的平台项目在校内选拔过程中未能入选,但申报团队在康俊勇教授的带领下并不气馁,一方面,及时总结需要改进的地方,比如通过进一步请教校内外专家学者,将申请项目名称由

"半导体微纳光机电材料与器件"、"微纳光机电材料与器件"、"微/纳米光电子材料与器件",逐步调整为"微纳光电子材料与器件";另一方面,及时与院、校、教育部领导沟通,积极争取申报名额,后续争取了一个教育部工程中心的申报名额。

由于教育部工程中心和教育部重点实验室的建设要求与思路有差别,特别是教育部工程中心特别重视为社会提供工程化技术成果,需要满足相对集中的研发和成果转化用房不低于5000 m²等条件,对已有的申报基础而言,还有很多需要加强的地方。为此,申报团队积极与相关校领导汇报、沟通,并借助厦门大学半导体光子学第一届学术研讨会暨纪念半导体学科创建50周年研讨会的机会,邀请校外专家及教育部相关领导来校实地指导与交流中心的建设工作,得到学校、厦门市政府和教育部领导的大力支持并给予指导(见图1),使平台的建设进入快车道,为实现平台建设的主要目标奠定了基础。在此基础上,经多方努力,平台终于获准筹建,成为所依托学院建院以来第一个部级以上科研平台。

(a)　　　　　　　　　　　　　　　　(b)

图1　2007年8月7日教育部周济部长偕同省教育部领导、厦门市市长及朱崇实校长等人来工程中心实地指导与交流

二、平台建设主要目标

平台建设将瞄准国际微纳光电子材料与器件研究领域的热点和重点问题,结合国家光电子产业发展的需要,特别是围绕光电子产业链所遇到的科学和技术难题,建成微纳光电子材料与器件领域一流的多学科交叉的研发实体、高级专门人才的培养平台、我国东南沿海地区微纳光电子材料与器件新技术和新产品的研发基地。

三、平台主要研究方向

1. 微纳光电子材料制备

在微纳光电子材料研发中,光电子材料的生长和制备技术最为重要。平台将开展异质结构、量子结构、多晶结构等生长技术的研发,开发和探索其在光电器件中的应用;开展高 Al 组分 GaN 基半导体薄膜生长机制、P 型掺杂等研究,掌握并优化外延工艺条件,推动其在深紫外半导体光电子器件中的应用。平台将拓展系统的激光诱导和等离子体源生长功能,降低生长温度,提高SiGe/Si基异质结、超晶格、量子阱、量子点等结构芯片的质量,合成其他新型 Si 基化合物材料,以制备出理想的能带工程改性的结构材料,获得直接带隙或准直接带隙 Si 基半导体,促进新型 Si 基光电结构材料在光互连、光网络器件及其集成等方面的应用。

通过平台的建设,购置和完善纳米材料制备设备,开展新一代低维纳米结构材料与器件的研发。瞄准周期、有序、可控的复合低维纳米结构材料制备技术,特别是聚焦能量束辐照诱导低维纳米结构制备技术,拓展低维纳米结构的非线性、非定型、非平衡行为在光电子领域中的应用。

2. 微纳光电子材料与器件测试表征

平台利用双晶 X 射线衍射仪、瞬态荧光光谱仪、扫描探针显微镜、电化学电容电压检测仪、多光栅单色仪、显微紫外光测试系统、半导体参数测试仪、低温系统、共焦显微镜、LED 综合测试系统等设备,开展微纳光电子材料器件与系统性能的测试;拓展现有的光致发光谱测量范围、MBE 生长系统的原位阴极射线荧光谱测试;添置光致发光像谱测试系统、紫外光电倍增管探测器,完善长波长电致发光谱测试系统等;提高新型微纳光电子功能材料与器件的测试水平。完成半导体照明综合测试系统的建设,完善 LED 检测技术;制定 LED 产品质量标准,建立公正、权威、高水平的半导体照明检测平台,为半导体照明产业化的可持续发展提供技术支撑和服务。

3. 微纳光电子器件与应用

平台开展改进 GaN 基功率级 LED 芯片的有关技术、短波长 LED、半导体激光器、光子晶体、光电探测器和放大器等微纳光电子器件的研发。对于功率级 LED,着力提高器件量子效率,促进其在照明中的应用。对于短波长 LED,开展蓝、紫和紫外光器件的研发,拓展 LED 的应用范围。在激光器方面,开展 GaN 基垂直腔面发射蓝紫光短波长激光器的研发,以期拓宽其在通信和信息存储中的应用。对于光电探测器,开展高灵敏度紫外光探测器及其阵列的研制,开拓紫外探测器在信息、军事等领域的应用。继续探索混合集成、单片集成的探测放大光接收器研制,以期得到小型化、低成本的器件。开展新型光纤放大器研制,扩展光信道容量。同时,研发用于密集波分复用、光互连、全光网络等通信系统的球微腔激光器、外腔式波长可调谐半导体激光器、新型光纤激光器,以期在多波长、低阈值、窄线宽、高功率、高稳定性、低成本等指标上有所突破。开展新型 Si 和 ZnO 基光开关、压电光纤开关、光纤滤波器及偏振器件、Fresnel 全息型波分复用器、微型 Fresnel 透镜阵列、光互连时钟分布元件等器件的研制,以提高光信息传输系统波分复用的密集

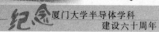
度。开展 Si 光调制器的研制以及光电器件与异质结电子器件的单片集成,以得到低成本、高可靠性的 Si 基功能模块,开展芯片集成与封装技术研发,为相关企业提供新产品研发服务,促进全光通信网络的早日实现。

4. 微纳光电子材料与器件设计

在微纳光电子材料的模拟设计方面,主要利用高性能计算机集群及工作站,采用第一原理的量子力学方法、经验和半经验的分子动力学方法等,模拟计算新型微纳光电子材料、各种纳米功能材料的表面和界面结构等,研究其电子和原子结构,预测材料的电学和光学性质等,为新型微纳光电子材料的制备和开发提供理论指导。在器件模拟设计方面,主要采用有限元法、时域有限差分法等,仿真新型微纳光电子器件的性能,探索拟制备器件可能存在的特色与不足,为新型微纳光电子器件的制备和开发提供理论指导。在集成电路设计方面,采用 EDA 设计和开发专用集成电路。

四、平台建设成效

1. 新增技术研发能力

通过建设,平台现已拥有面积 7000 多平方米的实验室,仪器设备总值超 6000 万元。具备较强的开展氮化物半导体材料生长和器件制备研发能力(具有较高水平),研发了高 Al 组分 AlGaN 材料制备方法,掌握了厚度大于 1 微米、表面平整度小于 1 纳米、极性和导电类型可控的外延技术;研发了 InGaN 材料制备方法,掌握了多种衬底、结构、极性和导电类型可控的外延技术;具备 ZnO 基光电子半导体结构材料生长、尖端的电学和光学性质表征能力,研发了纳米尺度表征的俄歇电子谱新方法和技术,并成功地应用于 GaN 基、ZnO 基半导体材料中微纳米区域的应力、电荷、结构等物理参量的分布测试和分析;具备开展 Si 基半导体材料生长和器件制备较强的研发能力(具有较高水平),研发了硅基材料制备方法,并掌握了 Si/SiGe 多量子阱超晶格、硅基 Ge 量子点、高质量硅基 SiGe 赝衬底和纯 Ge 材料的外延技术;具备开展新型低维半导体结构材料生长较强的研发能力(具有较高水平),研发了新型低维半导体结构材料制备方法,掌握了 Zn_2SiO_4/Zn 同轴纳米线制备技术,掌握了 Si 表面 Au、Zn、Mg 等全同量子点团簇构成的二维晶格制备技术。

2. 科技服务与科技成果转化

平台通过"微纳光电子材料制备""微纳光电子材料与器件测试表征""微纳光电子器件与应用""微纳光电子材料与器件设计"4 个工程化实验室建设,积极承接了省、市和周边半导体企业的委托,推动工程技术研究成果向企业快速转移,解决地方半导体企业生产过程中存在的技术难题,为地方半导体企业提供技术保障。比如积极与厦门三安光电股份有限公司、厦门乾照光电股份有限公司、厦门华联电子有限公司等单位开展紧密合作,共同解决企业在产品开发中面临的技术难题,努力将已取得的研究成果尽快向企业转移,以产生良好的社会经济效益。在此基础上进一步开展与国外研究机构、兄弟院校、高科技企业的合作,促进国家和地方光电子产业的可持续发展,完善地方光电子产业链,提高产品和产业的国际竞争力。如图 2 所示,厦门三安光电股份有限公司与工程研究中心合作点亮了第一代垂直 LED 蓝光芯片,为后续蓝光垂直结构 LED 产品量产奠定了坚实的基础。厦门乾照光电股份有限公司与工程技术中心合作研发太阳能电池外延片,致力于太阳能电池效率提升和广泛应用,进一步为我国航天航空事业做出贡献,如图 3 所示。

(a)外观图

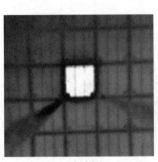
(b)点亮图

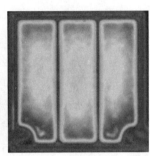
(c)光场影像

图 2 三安垂直芯片电极结构

(a)外延片   (b)电池外观   (c)光谱响应

图 3 乾照空间太阳能电池

3. 人才培养

建成后的平台在微纳光电子材料、器件、测试等方面拥有一批专家、学者,每年可培养硕士生 80 多名、博士生与博士后 40 多名,具备培养面向社会的高层次研发人才的能力。可以定期讲授相关的课程,为企业培养不同层次的人才。可以通过技术培训,为企业和相关机构培训初级的技术人员;通过讲座,提高相关技术人员的水平;通过与企业合作培养研究生的方式,为企业和相关机构培养对口的高级人才;通过邀请组织国内外专家和学者做讲座,进行交流,开阔企业和相关机构人才的视野。

发挥学科优势　构建创新高地

——记福建省半导体材料及应用重点实验室建设

李书平　李金钗

　　福建省半导体材料及应用重点实验室筹建于 2006 年 11 月,于 2009 年 9 月 25 日通过省科技厅组织的专家组验收。该平台的建设在厦门大学半导体学科近十年的发展历程中发挥了重要作用,既是基于原有厦门市光电信息材料与器件工程技术研究中心平台建设的进一步发展,又是后续教育部微纳光电子材料与器件工程研究中心平台建设的基础。现就该平台建设的基础与机遇、目标、研究方向、成效等情况给予回顾与总结。

一、平台建设基础与机遇

　　厦门大学在"211 工程"和"985 计划"一、二期建设中先后投入了大量的经费,实施了"光电信息材料、器件及其应用"建设项目。在学校领导和有关部门的支持和批准下,2002 年 6 月由康俊勇教授和赖虹凯书记负责筹建"厦门大学半导体光子学研究中心",王启明院士与余金中教授指导和参与了该中心建设全过程。该中心在基于原有半导体工艺研发设备的基础上,添置了金属有机物化学气相沉积(metal organic chemical vapor deposition,MOCVD)系统、超高真空化学气相沉积(UHV-CVD)系统、分子束外延(MBE)系统等材料生长的设备,同时购置了高精度光学镀膜机、诱导耦合等离子刻蚀机(ICP)以及与光电子相关的工艺和测试等设备;建成了多种类型激光器、单色仪、电容电压检测仪、低温测试系统、X 射线衍射、扫描探针显微镜、霍尔效应、光致发光、紫外测试等设备或系统,用于测量半导体材料的主要性质;初步形成了半导体材料及应用开放性研究平台,为半导体材料及应用福建省重点实验室的建设奠定了基础。

　　当时半导体产品在福建省和厦门市已有相当的规模,其中光电子产品正逐步成为经济发展的重要支柱。福建省和厦门市的半导体材料相关企业也发展迅速,国内投资最大的外延材料及芯片生产企业三安电子、全国最大的 LED 封装及应用企业华联电子、国际知名企业通士达和飞利浦、知名企业福日科光电子、苍乐电子、迅捷光电子、高意科技等,已构成了福建省半导体材料及应用的产业链。厦门大学与以厦门市三安电子、华联电子、通士达、安美光电、福日科光、迅捷光电子等为代表的知名企业联合形成了产学研基地,厦门市被列为国家首批半导体照明产业化基地之一。为了保证半导体产业的可持续发展,厦门大学与省市政府特别重视半导体材料及应用学科的建设。厦门大学计划进一步完善半导体材料生长及其检测设备,拓展其在器件和系统方面的应用,形成完整的、高水平的开放性研究开发平台,努力提高本单位在半导体材料及应用方面的研究能力,积极承担国家重大、重点科研任务,鼓励开展原创性的有自主知识产权的研究,同时推动研究成果向产业转化。计划建立更加开放的管理和服务制度,提高设备的使用水平和效率,为国家培养和吸引更多急需的优秀人才,为省、市半导体产业服务。经多方努力,在福建省科学技术厅的支持和批准下,厦门大学于2006年11月获准筹建福建省半导体材料及应用重点实验室。在康俊勇教授带领下,该平台于2009年9月25日通过省科技厅组织的专家组验收。

二、平台建设主要目标

平台建设瞄准国际半导体材料及应用研究领域的热点和重点问题,结合国家半导体产业发展的需要,特别是围绕地方半导体相关产业链所遇到的科学和技术难题,发挥厦门大学的学科优势,建成半导体材料及应用领域一流的多学科交叉的研发实体、高级专门人才的培养平台、我国东南沿海地区半导体材料及应用新技术和新产品研发基地、国家半导体白光照明产业化基地的研发中心。

三、平台主要研究方向

1. 半导体材料的制备

在直接带隙半导体材料的生长和制备方面,平台主要开展以 GaN 基和 ZnO 基材料为代表的宽带隙半导体生长及其技术研究。尤其是异质结构、多量子阱结构等制备,探索其新的光电功能,开发其在绿光到紫外波长范围内的发光器件、紫外探测器件、高温大功率器件、光电集成器件中的应用。在间接带隙 Si 基半导体的生长和制备方面,平台主要开展 SiGe/Si 基异质结、超晶格、量子阱、量子点等结构的生长及其技术研究。探索新的能带工程改性结构材料的制备技术,促进新型 Si 基光电结构材料在光互连、光网络器件及其集成等方面的应用。

同时平台采用分子束外延和气相沉积等方法,在模板上合成具有新半导体纳米结构材料,探索其新的功能,促进其在纳米激光器、纳米运算放大器等器件中的应用。平台计划研究类金刚石膜的生长机理,掌握其光电性质,促进其在蓝、紫、紫外光电探测器,太阳能电池、光开关等光电子器件中的应用。

2. 半导体材料的理论设计

在许多情况下,采用计算机对材料的结构进行模拟设计和性能预测,可比真实的实验制备速度快、效率高,并节省大量的人力和物力。平台在半导体材料的理论设计方面,主要采用第一性原理等方法,模拟设计新型半导体材料、量子或纳米结构材料、表面和界面等稳定的晶格结构及电子结构,预测材料的电学、光学性质,为新型半导体材料制备和开发提供理论指导,缩短新材料在半导体器件中的应用周期。

3. 半导体材料的表征

材料和器件功能取决于其性质,需通过对其特性进行表征,以了解材料生长与器件工艺及功能特性的关系。特别是新材料和新器件有许多特性都是未知的,更需要测试和分析。平台主要采用 X 射线衍射、高分辨电镜、扫描探针显微镜、俄歇电子能谱、霍尔效应法、电容电压法、光致发光谱、拉曼散射谱等方法,着重开展半导体材料的结构、电学、光学等性质的测试,特别是材料的量子结构和纳米结构新性质,以提高材料的质量,挖掘新功能,发现新半导体材料,为省市半导体光电子产品提供质量检验和分析的手段。

4. 半导体材料的应用

半导体材料的研发以器件开发及应用为目标,平台着重开展功率级 LED 芯片、短波长 LED、激光器、光子晶体、光电探测器和放大器等器件的研究,以及微纳光电子器件的研究。对于功率级 LED,将着重研究提高器件量子效率的有效方法,促进其在照明中的应用。对于短波长 LED,将开展蓝、紫和紫外光器件的研究,拓展 LED 的应用范围。对于激光器,本实验室将着重开展蓝绿光 GaN 基半导体垂直腔面发射激光器、微腔激光器、全固体激光器、光纤激光器等的研发,以期在多波长、低阈值、窄线宽、高功率、高稳定性、低成本等指标上有所突破。对于光电探测器,本实验室将着重开展高灵敏度深紫外与紫外光探测器及其阵列的研制,开拓紫外探测器在信息、军事等领域的应用。继续探索混合集成、单片集成的探测放大光接收器研制,以期得到小型化、低成本的器件。开展新型光纤放大器研制,扩展光信道容量。

在无源器件研发方面,本实验室将完善各类微腔的制备工艺技术,开展纳米、微米光纤熔融拉锥新工艺的研究;进行相关介观光学理论问题的探究,重点发展新型半导体光开关、压电光纤开关、光纤滤波器及偏振器件、Fresnel 全息型波分复用器、微型 Fresnel 透镜阵列、微型耦合器、光互连时钟分布元件等器件的研制,促进光互连和全光网络的早日实现,推动其在其他领域的应用。同时,研究光子晶体在高效率微波天线、单模发光二极管、低阈值激光器、低损耗光纤、光纤光栅掩膜板等器件方面的应用。

四、平台建设成效

1. 新增技术研发能力

通过建设,平台现已拥有面积约 5000 平方米的实验室,仪器设备总值约6500 万元,具备开展 GaN 基半导体材料生长和器件制备较强的研发能力,并具有较高的水平;具备 ZnO 基光电子半导体结构材料生长、尖端的电学和光学性质表征能力;具备开展 Si 基半导体材料生长和器件制备较强的研发能力,并具有较高的水平;具备介质膜、金属膜等方面产品的研发能力,相关发光器件的制备可达较高的水平。一些半导体主要工艺设备也得到了进一步完善,具备开展光电器件研制的工作条件。

平台进一步充实了半导体材料性能、器件工艺和特性、系统功能等测试设备,尤其是半导体照明材料和器件的相关检测设备,具备半导体材料和器件综合评价与测试的能力。

平台拥有的高性能集群系统的计算能力得到了进一步加强,具备较强的材料设计能力;拥有更加丰富和完整程序包,相应设计和研发水平得到大幅度提高,具备了从材料计算模拟设计、材料制备到器件应用的完整研发条件。

2. 科技服务与科技成果转化

平台积极承接了省、市和周边半导体企业的委托,解决地方半导体企业生产过程中存在的技术难题,为地方半导体企业提供技术保障;整合福建省相关研究力量,建立相应的合作研发机制,为地方半导体产业的可持续发展提供技术储备;与国内著名的研发机构,特别是中国科学院相关院所建立合作关系,签订合作协议,定期邀请国内半导体材料领域著名科学家来本实验室讲学,报告研究成果和动向,合作开展前沿课题研究,为产业的发展提供方向性指导;加强与台湾科研机构的技术交流与合作,互派学者或学生开展互补的技术交流,共同推动技术水平的提高和产品的开发,将平台建设成为海峡西岸半导体材料及应用新技术和新产品研发基地;进一步开展与国外研究机构、兄弟院校、高科技企业的合作,积极组织专家、学者前来开展讲座和技术培训,同时组织相关企业的人员参加,促进技术水平的提高和产品的开发。

3. 仪器设备开放共享

平台的所有大型设备将纳入共享管理,对本校各学科、周边高校、研究机构、相关企业开放,成为公共研究平台;根据实际需要,采取合作研发、委托研究等各种灵活的方式,广泛地与企业,特别是地方支柱企业进行技术合作,成为东南沿海地区半导体产业的开放式研发基地,为经济建设服务。

完善发光管测试条件　助力半导体固态照明

——记福建省半导体照明工程技术研究中心和福建省 LED 照明与显示行业技术开发基地创新平台建设

高玉琳　吕毅军　朱丽虹　陈忠

　　半导体照明是以发光二极管(LED)作为照明器件的一种新型的固态光源技术,随着 LED 的发光效率、光色稳定性以及光源可靠性的大幅度提升,半导体照明被认为是 21 世纪最具潜力的一种新型照明光源和最具发展前景的高技术领域之一。LED 光源具有节能、环保、安全、易驱动、体积小、寿命长、色彩丰富、性能可靠等显著优点,经过近半个世纪的发展,LED 已成为全球最热门、最瞩目的光源,特别是随着 LED 技术的进步,半导体照明作为人类照明史上一支新兴的力量,具有巨大的应用市场和发展空间。2003 年,科技部联合信息产业部、中国科学院等 8 个部门和行业,以及北京和上海等 15 个地方政府全面启动我国半导体照明工程。经过几年的努力,国家"十五"半导体照明攻关项目顺利完成。"十一五"期间,国家把半导体照明工程作为一个重大工程进行推动。厦门市也组织制定了"厦门半导体照明产业化基地发展规划"。2004 年 4 月,厦门市成为全国第一批授牌的"国家半导体照明工程产业化基地"。

　　作为半导体照明光源的 LED,既是半导体器件,又是一种新型光源,涉及光、电、色、热、生理、心理等多领域,但作为照明产品需要权威的安全认证。当时国际上可借鉴的 LED 作为照明产品的标准很少,国内对相关标准的制定也才刚刚起步,信息产业部于 2005 年 1 月成立了"半导体照明技术标准工作组",组织、制定、送审 LED 相关标准。然而,当时在国内还没有一家对半导体照明光源 LED 性能参数的设备齐全、公正的检测机构,也没有一家权威的认证机构和统一、规范的检测仪器和方法,使得 LED 上、中、下游厂商无所适从,各行其道,造成了许多不必要的重复投入和技术纠纷,增加了企业的成本,损毁了企业的形象,严重影响了半导体照明产业的快速发展,对半导体照明产业的长远发展和与世界接轨相当不利。

　　面对半导体照明产业发展的挑战和历史机遇,厦门大学物理与机电工程学院于 2006 年在福建省科技厅的资助下成立了"半导体照明工程技术研究中心",

旨在建立一个可服务于社会的半导体照明公共检测与评估平台,一方面作为一个权威、公正的检测机构为企业的产品进行测试比对,提供令人信服的产品质量检测数据。另一方面,在公共检测与评估平台上进行半导体照明测试方法、仪器的研究,其研究成果可为制定标准服务,从而开启了厦门大学半导体照明平台建设的历程。建设这样的公共检测与评估平台,当时国内还没有什么成功的案例可供借鉴,但厦门市作为 2004 全国第一批被批准的"国家半导体照明工程产业化基地"之一,厦门及其周边地区在半导体和照明领域已初步形成上、中、下游较为完整的产业链。知名企业有国内最大的外延材料及芯片生产企业三安电子、全国知名的 LED 封装及应用企业华联电子、国际知名企业通士达公司等。厦门市委、市政府对半导体照明产业高度重视,以极大的热情参加"国家半导体照明工程"计划。2006 年,厦门市春节的 LED 夜景工程成功地起到了示范和带动作用,全国许多城市甚至国外的城市都来厦门取经学习,从而也推动了厦门及周边地区 LED 企业的发展,启动了 LED 产品的应用市场。2006 年初,胡锦涛总书记到厦门爱的科技有限公司视察时,对以王亚军副教授为技术总监的"高亮度光机电一体化半导体照明系统"的成果转化给予高度评价。这样得天独厚、天时地利的条件为厦门大学半导体照明工程技术研究中心的发展提供了良好的契机。

2006 年底,由厦门大学半导体照明工程技术研究中心主任陈忠教授牵头,联合厦门产品质量监督检验院、厦门市现代半导体照明产业化促进中心所申报的"半导体照明评价与测试系统建设"项目获得国家"863"计划的立项资助,在厦门市配套资金的联合资助下,开始建设厦门市半导体照明检测和认证中心。2009 年,中心通过国家科技部的验收,成为当时我国最早的两个高水平半导体照明公共检测平台之一。

经过三年的建设,厦门大学半导体照明工程技术研究中心引进了一批国际先进水平的 LED 检测仪器,具备了 LED 材料、器件、模块、应用产品等方面的综合检测能力,测试结果能与国内、国际先进检测中心的测试结果比对验证,检测能力取得国家认证监督委员会的检测计量认证资质,具备为用户提供 LED 材料、器件、模块及部分应用产品的认证检测能力,电子科学系陈忠教授和吕毅军教授为授权签字人。中心作为工信部"半导体照明技术标准工作组"的成员单位,积极参与半导体照明国家标准的研究与制定工作,以吕毅军教授为主要起草人之一制定了《SJ/T 11395-2009 半导体照明术语》,中心参与制定《SJ/T 11397-2009 半导体发光二极管用荧光粉》《SJ/T 11398-2009 功率半导体发光二极管芯片技术规范》《SJ/T 11399-2009 半导体发光二极管芯片测试方法》《SJ/T 11400-2009 半导体光电子器件小功率发光二极管空白详细规范》等国家行业标准的工作。中心于 2009 年顺利通过福建省科技厅的验收,在以后的运行中每两年均以高分通过福建省科技厅组织的评估。中心为 2013 年厦门被科技部评为全国半

导体照明领域仅有的 2 家优秀基地之一做出了重要贡献。

图 1 半导体照明工程技术研究中心取得国家认证监督委员会的检测计量认证资质　　图 2 半导体照明工程技术研究中心是工信部"半导体照明技术标准工作组"的成员单位

　　2015 年,福建省经信委批准依托厦门大学建立福建省 LED 照明与显示行业技术开发基地,以进一步发挥高校在 LED 技术开发与人才培养方面的优势,进一步深化产学研相结合的研发模式,重点开展与福建省 LED 企业的技术合作和人才培养,促进福建省 LED 照明与显示行业迈上新台阶。

　　从 2006 年发展初期开始,中心一直秉承以下四个方面的发展宗旨:

　　(1)积极开展 LED 照明行业前沿课题研发。中心注重功率级半导体照明(LED)关键技术和重要科学问题的原创性研究,开展高效 LED 材料外延、器件工艺与结构优化、检测与质量控制研究,探索提高功率级 LED 器件量子效率的有效方法,促进其在照明中的应用。2009 年,我们成功开发出具有自主知识产权的新结构瓦级 LED 芯片,该技术通过连续改变有源层的量子阱区生长温度的方法获得渐变 In 组分的 InGaN 多量子阱结构,有效地提高了芯片的发光效率、波长稳定性、可靠性和寿命。该系列研究成果发表后得到国际同行的广泛重视和高度评价,如国际知名半导体技术网站 Semiconductor Today 对该成果进行了专题报道。

图3　国际知名半导体技术网站 Semiconductor Today 的专题报道

　　（2）重视相关测试技术、测试设备及应用软件的开发。开展光学检测、微机电系统等先进技术和仪器的研发，主动参与国际或地区的光电产品相关标准和检测方法的研究和制定，将 LED 相关检测先进方法与技术的研究成果整合到测试设备及应用软件的开发中。迄今为止，平台已在 LED 光、电、色、热综合测试，LED 路灯测试、LED 寿命测试等方面开发出一系列独具特色、拥有自主知识产权的智能化测试设备或应用软件。中心注重与国家半导体发光器件（LED）应用产品质量监督检验中心合作，2013 年共同承担了科技部中德国际合作项目"LED 照明现场检测方法研究及评价"。中心还与厦门市产品质

图4　多路 LED 寿命加速在线测试系统

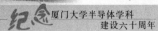
量监督检验院和厦门市计量院建立了稳定的实质性的合作伙伴关系。

（3）加大人才培养力度，实现对外技术合作和资源共享。中心有一支由教授及工程技术人员组成的研发和人才团队，除了培养具有科研能力的硕士生与博士生以外，还与相关企业单位建立联合人才培养基地。通过招收企业在职技术人员攻读工程硕士，以企业生产中的技术难题作为研究和毕业论文课题，在由平台导师和企业导师组成的联合培养导师组的共同指导下，在完成论文课题的同时，也为企业本身解决技术难题。中心利用学科和高端人才的优势，支持厦门三安电子有限公司和厦门华联电子有限公司利用厦门大学的博士后流动站共建企业博士后工作站；中心利用与大型龙头企业密切合作的关系，2012年促成了电子科学系在厦门华联电子有限公司建立了福建省电子科学与技术一级学科研究生创新基地；中心从企业人才需求出发，2014年为厦门三安光电公司开办了"三安"工程硕士班；中心充分发挥自身优势，2015年为厦门强力巨彩光电有限公司获得"国家企业技术中心"提供了人才和技术支撑。

（4）与企业、政府进行三方交流与合作。中心积极开展与同行企业的技术交流合作与推广，与厦门市华联电子有限公司、厦门三安电子有限公司、厦门强力巨彩光电科技有限公司、深圳比亚迪微电子有限公司、佛山市国星光电股份有限公司等半导体照明相关企业分别签订了合作开发及服务协议。与此同时，中心还积极开展与国内外研发单位多层次、多方位的科研合作与学术交流。中心利用作为福建省光电应用产业技术创新战略联盟副理事长单位的优势，积极承接福建省及其周边半导体照明企业的委托，重点解决企业急需解决的产品技术问题。与福建省及其周边相关研究单位、兄弟院校、相关科研机构、高科技企业单位联系，建立相应的合作研发与信息共享机制，为地方半导体照明产业的可持续发展提供技术储备，向相关科研机构和企事业单位提供产品质量检测与评价的平台。中心经过十年的建设，已经成为以福建省为中心、辐射东南地区国内先进的LED照明与显示产品研发与综合检测的创新平台。

中心近年来在国内外重要刊物发表论文近100篇，其中IEEE Trans. Power Electronics、IEEE Trans. Electron Devices、IEEE Photonics Journal、Applied Physics Letters、Optics Express等JCR2区以上期刊论文20多篇，获得30多项专利和软件著作权。中心与厦门市龙头企业在半导体照明研发和测试相关领域的合作研发成果连续4年获得福建省科技进步奖，"半导体照明评价测试系统和新技术及推广应用"获得2013年度福建省科技进步二等奖，"低功耗高均匀度LED显示屏关键技术及产业化"获2014年度福建省科技进步一等奖，"高分辨率全彩LED显示屏技术创新项目"获2015年度福建省科技进步二等奖，"高品质LED照明与显示关键技术的研发及产业化"获福建省科学技术进步奖二等奖。

图 5 半导体照明工程技术研究中心获得的部分专利和奖项

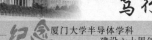

紫色的远方

——记厦门大学高温 MOCVD 系统建设

陈航洋　刘达艺　李书平

翻阅拜读《自强不息之路——纪念厦门大学半导体学科建设五十周年》一书，康俊勇教授在《蓝色的梦》一文中以一句"在这蓝色的时空中，我似乎看到了一群白色的雏鸽闪耀着青色的光芒，飞向紫色的远方"结束，当时我不理解为何用"紫色"一词，在中国传统中，紫色代表尊贵，在科学定义上，紫色是人类从光谱中所能看到的波长最短的光。这"远方"为何是"紫色"的，十年后的今天我才有所领会。

2015 年初，实验室新建设的 Thomas Swan 3 * 2″ MOCVD 验收通过后，我们夜以继日、争分夺秒地摸索高效蓝光 LED 的外延和制备技术，终于在短时间内赶上其他科研院校的差距，其中在 P 型层外延方面更是取得突破性进展。那时，我们走到了一个十字路口，在蓝光 LED 之后，接下去往哪个方向发展成了首要问题。经课题组讨论后，我们决定往短波长方向发展，采用高 Al 组分Ⅲ族氮化物结构材料制备深紫外 LED，它在医疗、杀菌、印刷、照明、数据存储、保密通信等方面都有重大应用价值。

在开始高 Al 组分 AlGaN 薄膜的外延后，我们才发现之前生长蓝光 LED 中摸索出来的方法和技术都不管用了，长出来的 AlGaN 薄膜表面粗糙，容易开裂，晶体质量差。经过分析，我们了解到其主要原因在于该材料的一些本质特性。首先，外延时 Al 源与 N 源之间容易发生预反应，在衬底表面外存在 AlN 分子、多种形态的反应物，如原子、分子、团簇及其络合物，这些反应物生长特性差异大，导致薄膜外延的条件难以控制，生长表面和界面不易平整，晶界密度高。其次，非平衡条件 MOCVD 外延中 Al 原子的黏滞系数比较大，表面迁移率低，Al原子难以迁移到能量低的晶格扭折和台阶处，形成三维岛状生长，导致外延层界面不平整，缺陷密度高。最后，外延生长高 Al 组分 AlGaN 薄膜所需的温度非常高，目前只能在较低温度、较低压力等非平衡条件下进行外延，这就不利于生长高质量的高 Al 组分 AlGaN 薄膜。

为了克服上述困难，国内外同行们普遍采用脉冲原子层沉积方法，即TMAl/TMGa 与氨气依次间隔一定时间通入反应室，以减少预反应，获得高质量的 AlN 和 AlGaN 薄膜。然而其内在机制却少有报道，为了有更完善的理论以指导实验，我们模拟计算了不同生长条件下 AlN 表面上的 Al 原子、N 原子、AlN 分子以及 Al-N$_3$ 簇的相对表面形成能，分析了 Al 的相对化学势、Al 与 N 原子和 Al 原子吸附层的形成能之间的关系，表明生长时 N 和 Al 原子分别倾向于在富 N 和富 Al 环境下结合到 AlN 表面，符合 AlN 实际生长情况。对于 AlN 分子，无论在哪种气氛下 AlN 分子相对于 Al 原子和 N 原子都更容易存在于 AlN 表面上。对于 Al-N$_3$ 簇，富 Al 情况下 Al 原子更倾向于钉扎在 Al-N$_3$ 簇上。根据计算结果，我们提出两步生长法，即先在 Al 极性面上沉积一层 Al 原子，然后切换到富 N 气氛，此环境下 Al 原子更容易弛豫到能量低的晶格扭折和台阶处，由此实现界面平整的二维生长。出于对生长技术的精益求精，我们不仅能使材料长平整，还能做到精确控制厚度。我们在 AlN 薄膜上生长过超短周期 $(AlN)_m/(GaN)_n$，使用高分辨率透射电镜观测截面像，如图 1 所示，超晶格结构的界面平整陡峭，其中的 GaN 势阱（衬度较暗）和 AlN 势垒（衬度较亮）清晰可辨。进一步采用界面修饰手段，GaN 势阱单层最低厚度达到单个原子层，相当于能使用 MOCVD 设备控制分子或原子一层层地生长在衬底上，堪比分子束外延。在熟练掌握了原子级生长技术后，我们进一步发展，实现了量子点调控。我们在 AlGaN 上生长了高密度的 GaN/AlN 量子点，并以其作为有源区，首次实现了基于 GaN/AlN 量子点、电致发光波长接近 300 nm 的紫外 LED，具有高内量子效率和高热稳定性。

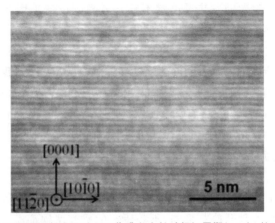

图 1　使用高分辨率透射电镜观测 AlN 薄膜上生长过超短周期 $(AlN)_m/(GaN)_n$ 的截面像

在取得成绩的同时，我们也意识到有个束缚着我们进一步突破的瓶颈——外延温度。氮化铝的熔点高达 2200 ℃，而在实验中外延 AlN 的温度通常为

1100 ℃,相对低的外延温度导致器件中量子阱结构的穿透位错密度较高。有研究指出,只有当量子阱结构的位错密度低于 $10^9 cm^{-2}$ 时,深紫外 LED 的内量子效率才可能高于 50%。日本名城大学研究人员报道利用自行研制的高温 MOCVD 系统,在 1500 ℃ 的 6H-SiC 衬底上外延出高质量的 AlN,其位错密度低至 $10^6 cm^{-2}$,证明了提高外延温度,能有效提升 AlN 的晶体质量。

实验室 MOCVD 系统自验收以来,出现的设备故障都是我们自行维修的,甚至有些不常见的特殊问题,连厂家工程师都束手无策,最后也是我们自己找到原因并解决,正是有这方面的自信,我们首先想到的是对已有的 MOCVD 系统进行改造。Thomas Swan 3 * 2″ MOCVD 系统设计的最高外延温度是 1100 ℃,加热区分成三个区,由内到外分别是 A 区、B 区和 C 区。由于 C 区处于最外圈,热量散失最大,为保证三个区温场分布均匀,C 区的工作电流最大,也是提高加热器工作温度的关键区。三区的加热丝由直径约 1 mm 的双股钨丝均匀绕制而成,我们首先采用改动最小的方法,直接使用直径稍大的钨丝绕制以及增加缠绕密度,以增大发热面积,然而新加热丝上机后才发现对外延温度的提高作用有限;接着我们尝试打磨石磨盘的石英支撑,降低其高度,即适当减小钨丝和石墨盘的间距,以提高钨丝对石墨盘的加热效果,然而上机后发现石墨盘表面温度仍达不到 1300 ℃;最后我们在前面改进的基础上进一步增加 C 区钨丝的发热面积,即将 C 区设计成上下两圈钨丝并排,电极连接采用并联方式,相应地增加 A 区和 B 区钨丝的支撑高度,使三区钨丝处于同一加热平面,并且在三个加热区下面增加钼片热量反射层,增大对钨丝热量的反射。遗憾的是上机后才发现 C 区的加热电流成了瓶颈,原因在于上下两圈钨丝采用并联方式,即使电流值达到最大,分流后每根钨丝的发热量仍然不够。考虑到设备采用变压器加三相桥式整流器方式提供加热电流,我们以为只要更换更大输出电流的整流器即可解决这一瓶颈,然而找了国内外一些大的电子元器件供应商后,我们才知道市面上合适的三相桥式整流器最大输出电流只有 205 A,远无法达到我们期望的 350 A 以上。经多方打听,我们得知有一种可提供高达 500 A 直流输出,并且控制精度达 0.2% 的可编程直流电源,有利于减少加热丝温度波动。如果设备上老式的变压系统采用可编程直流电源替代,相应改造加热系统的各部件和连接电缆(以适应更大工作电流和更高工作温度),以及升级系统软件控制,就肯定能实现期望的外延温度。我们详细地做了改造方案,然而方案最终没能通过,并不是改造费用的缘故,而是当时光子学中心有些老师反对在已有的 MOCVD 上做太多改造,他们认为该系统是开放共享的,不是所有的研究课题都需要那么高的外延温度,而且担心加热系统的改造会影响他们已摸索的实验参数。

从长远考虑,课题组的部分老师最后决定众筹购买新的高温 MOCVD 系统,设想的方案是购买二手 MOCVD 系统再进行升温改造,最好是能购买到跟光子学中心相同的机型系统。与国内外经营二手设备的厂家联系后，我们陆续收到一些推荐，有 Aixtron 早年的单片机，也有 Thomas Swan 较新的 19 片机，是 2009 年时国家大力补贴 MOCVD 建设"大跃进"期的产品，虽然性价比极高，但是考虑到大机型的外延和维护成本高，只能放弃。对于 1～6 片机这类小机型，科研院所使用较多，少有二手转让，只有国外较早开展 LED 生产的厂家偶有淘汰出售。二手设备厂家推荐过韩国 Thomas Swan 6 片机，因气体管路和腔体暴露空气太久，修复成本极高；也推荐过在美国的 Thomas Swan 3 片机，这是一家工厂打包淘汰整批旧设备中的一台，如果通过销售中介拆分购买，价格太高，并且从实地考察过这批设备的国内同行处得知该 MOCVD 状况不佳，购买风险大；而其中最合适的是一台湾厂家当时准备淘汰的 Thomas Swan 3 片机，它跟我们正在使用的 MOCVD 同一型号，系统仍连接氮气吹扫，保证管路和腔体洁净度，系统部件也较齐全，售价 10 万美金。由于二手设备学校无法申请减免关税等，会增加不少购买成本，我们估算设备运到厦门，更换部分部件并安装调试，再改造成高温，大概总共需要 130 万元人民币。这是我们比较满意的二手设备，性价比也较高，但由于厂家急着出售，要求我们必须尽快一次性支付 10 万美金，加上关税等，我们必须短期内支付 70 万元人民币左右的现金，才能保证设备顺利运回厦门安装调试。经过多次讨论后，我们只能忍痛放弃，因科研项目资金相关规定缘故，我们无法短时间筹到足够资金。

　　虽然我们的努力一再遭到挫折，但是建设高温设备的决心毫不动摇，我们最终决定建设一台全新的高温 MOCVD 设备。在康俊勇教授的带领下，一方面为争取更多建设资金，课题组老师经过不懈努力，在科研项目申报上均有所斩获；另一方面，我们尽可能多了解市场上和科研机构里高温 MOCVD 设备的优缺点，以积累建设经验，期望不仅能实现高温外延，还能有所突破创新。经过了解，我们发现高温 MOCVD 设备的反应腔大多为垂直式系统，即生长气体从反应腔顶部喷入，衬底放在旋转的石墨基座上，垂直于气流方向，通过从底部加热石墨盘使衬底获得化学沉积所需的反应温度。这类反应腔中，冷反应气流自上而下到达衬底表面，而加热器置于衬底下方，腔体中所形成的温场呈现上冷下热，在衬底上表现为衬底表面下方温度高于上方，从晶体的生长动力学角度看，这将带来两个主要不利影响：其一，衬底生长表面存在温度和气流的涨落或干扰情况，上冷下热的温场使得衬底表面瞬时形成的缺陷易于发展长大而得不到抑制，降低了晶体的质量；其二，反应腔所生长晶体是固熔体，外延生长温度通常远低于熔点，在上冷下热的温场中容易产生组分过冷，形成不均匀的混晶区域，导致薄膜表面不平整，难以获得高质量的外延薄膜。针对上述缺陷，康俊勇教授从晶体的生长动力学角度，提出一种具有垂直温度梯度的金属有机物化学气相沉积反应腔，对腔体结构进行创新。紧接着，我们找了几家有实力加工该新型反应腔的

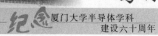
企业，经过沟通和考察，我们委托学校资产处进行招标，从研发实力、性价比、交货周期、售后服务等方面考虑，选择了合适的企业进行加工。

俗话说："万事开头难。"我们知道也许后面的建设更难，比如围绕新型高温反应腔进行水电气等建设，以完成一套完整的高温外延系统；比如也许建设后期资金紧张，需要多方众筹，甚至延长建设时间；比如在哪里建设高温 MOCVD 的问题，因为海韵校区新物理楼的氢气房因消防问题而最终无法开建，导致氢气供应存在困难。但是我们相信开局重在开头，只要我们有决心和毅力，千难万难，也阻挡不了我们前进的步伐。越过山丘，即使白了头，我们也要到达紫色的远方。

打造半导体"万能"精确测试的利刃

李孔翌 张纯淼 陈荔 李恒 杨旭 李书平 詹华瀚 蔡端俊

从以牛顿力学为代表的经典物理到爱因斯坦的相对论,再到薛定谔、波尔、狄拉克等人创立的量子力学,人们对自然的认识随着时代的前进而不断发展。随着近年来科技的不断创新,材料、器件的制备工艺与技术的持续精细化与多样化,纳米材料与纳米科技正处于蓬勃发展的时期,并逐渐成为在应用领域突破传统科技极限与局限、追逐"更小更快更强"这一目标的生力军与主力军。低维半导体纳米结构中包含着非常丰富的新奇量子现象,其光子和物质相互作用、电子和物质相互作用,乃至光子、电子和物质三者相互作用已经成为半导体物理研究的前沿课题。然而这些量子现象的探测却面临着尺度小、维度低、易干扰、易破坏等一系列挑战。例如,对于一个吸附系数 $\sigma=1$ 的表面,即使在 10^{-9} torr 的高真空度下,只需要一个小时,表面就将被一层气体所覆盖,进而影响到材料真实物理性质的探测;对于一个量子阱,其厚度也仅为数纳米,界面的应变将严重影响能带结构的形状,进而改变量子态的位置及其上电子跃迁的能量。可见传统的宏观探测手段、单一的测量方式就如同瞎子摸象一样,难以掌握半导体结构的准确特性。为此,2008 年,康俊勇教授带领厦门大学宽带隙半导体研究组,着手组织原位半导体纳米结构综合探测系统的论证。邀请美国 RHK 公司王宙杭工程师、日本 UNISOKU 公司胡小鹏工程师和北京汇德信科技有限公司高聚宁工程师先后来厦门大学讨论构建技术方案。同时,向这些公司客户了解其对相关产品的使用情况,特别是极限参数。针对当时阴极荧光分辨率不高的问题,我们制定了采用场发射电子枪的技术方案。为了能兼顾局域纳米结构的电学特性测试,拓展了传统的单一 STM 探针模式,两 STM 探针能分别在扫描电镜的导航下单独移动到所需的纳米结构位置。根据传统大面积收集光谱导致纳米结构特征发光被掩盖的弱点,首次引入可在扫描电镜导航下单独移动的光纤探头,以提高位置光谱的分辨率。综合这些特点,我们出台了构建的技术方案,并邀请国内外厂商合作开发原位半导体纳米结构综合探测系统。

如果与北京汇德信科技有限公司合作开发，采用德国 Omicron 公司的部件，开发费用远高于其他厂家，且没有建设阴极荧光探测系统的经验；虽然日本 UNISOKU 所需的开发费用较低，但难以保证阴极荧光的分辨率达到所需的指标；美国 RHK 公司同意我们提出的采用场发射电子枪技术方案，保证其空间分辨率小于 10 nm，且开发费用不高于 UNISOKU。经 3 天夜以继日的协商，康俊勇教授、李书平和詹华瀚副教授与美国 RHK 公司总裁 Adam Kollin 先生逐字逐条起草了合作开发技术文本，甚至包括真空腔的大小、厚度、窗口个数，场发射电子枪的工作距离，样品台的结构，STM 扫描部件的无磁性用材、驱动模式，光纤探头的结构、镀膜等。该综合系统集合了诸多探测优势，如：①超高真空环境，保证了材料制备不受污染，表面干净，结构真实；②低温测试环境，为材料中半导体纳米结构中量子现象的完整呈现以及量子信号的真实探测营造有利环境；③集成多种原位表征手段，提供多功能、多尺度、多维度的样品"一站式"在线分析；④确立高性能硬件测试体系，为量子信号的分析探测与操纵调制提供高控制精度、高分析精度、高抗干扰性。原位半导体纳米结构综合探测系统的构建有助于开展低维半导体中量子相互作用现象的真实探测，为发现新现象、掌握新规律、提出新的调控方法打下坚实的基础。该系统优异的前瞻性能，得到国内同行的认可，并获得国家自然科学基金重点仪器研发专项的资助。

(a)　　　　　　　　　　　　　　　(b)

图1　2010 年 4 月 12 日康俊勇教授在美国 RHK 公司调试验收原位半导体纳米结构综合探测系统

从整体外观结构上（见图 2），该系统可分为样品制备腔（preparation chamber）、样品分析腔（analysis chamber）、进样腔（sample load-lock）与进针腔（probe load-lock）4 个部分，其超高真空环境（$<10^{-10}$ torr）由四级真空泵维持（机械干泵、涡轮分子泵、离子泵与钛升华泵）。我们根据功能模块的不同，将从样品制备、综合表征两个方面对所搭建系统的特点与性能进行如下简要介绍。

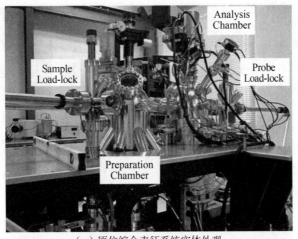

（a）原位综合表征系统实体外观

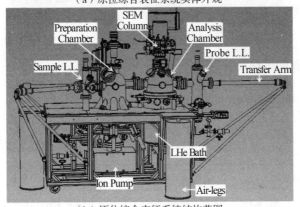

（b）原位综合表征系统结构草图

图 2 多种探针原位综合表征系统总体外观

一、样品制备模块

系统中样品的制备一般于样品制备腔内进行,鉴于目标体系通常具有尺度小、维度低、结构精细度高、易被破坏污染的特点,我们选取分子束外延(molecular beam epitaxy)技术作为主要的生长制备手段。生长时衬底设计为倒置[生长面朝下,见图3(a)和(b)],以保证表面洁净度;分子束由下方生长源直接喷射至衬底表面,生长速率可精确控制(可低至每分钟小于一个原子层),并可实现六源切换生长,充分满足多材料组分、高结构精细度的样品制备要求。样品可通过直流(300～1500 K)、辐射(300～1200 K)等方式进行加热,也可通过内置环绕气路(gas-cooling line)对冷氮气制冷(85～300 K),温度由铜样品台(sample stage)上或样品架(sample holder)内的 K-type 温度计实时监控,可满足不同温度区间的生长制备。同时，我们还在制备腔内配备了 Oxford LION50 聚焦低能离子枪[见图 3(c)]，可对样品表面进行低能量（10 keV 以下）Ar^+ 或 N^+ 离子束轰击处理，用以清洗表面或重塑形貌。样品操纵台可进行空间四维调整（XYZ 三维 + 旋转），以满足不同区域、不同入射角度的离子束轰击。

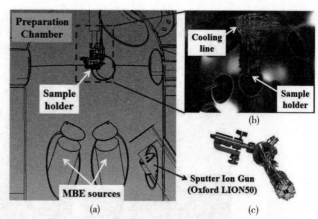

(a)制备腔内部结构(剖面图)；(b)制备腔内部实景；
(c)制备腔内配备的 LION50 低能离子枪

图 3 制备腔结构与内部部件

二、综合表征模块

系统的样品分析表征主要集中于分析腔，其结构上与制备腔相连，并通过闸板阀分隔。硬件上主要配备了电子束探针模块、双探针扫描隧道显微镜模块、光纤探针模块以及其他辅助模块，以上次级模块在结构上的相互关系如图 4 所示。

1. 电子束探针模块

由于电子枪与样品之间需要配置扫描探针，所需工作距离相当长，国际上适合的场发射电子枪生产厂商很少，其中 FEI 和 Orsay Physics 公司的产品性能单色性好、亮度高、像差小，硬件上也可以匹配本系统超高真空环境以及 150°C 烘烤需求。虽然 FEI 公司的产品知名度高、口碑较好，但价格十分昂贵，接近 Orsay Physics 公司产品的两倍，因开发经费限制，我们选用 Orsay Physics 公司的产品（Orsay ECLIPSE）。

电子束探针在综合表征系统中扮演着极为重要的角色，它不仅可以作为一种原位表征手段（扫描电镜成像以及阴极荧光激发），也可以作为一台具备纳米级分辨率的"监视器"，用以实时监控多探针操控以及测试时的选区定位。因此，ECLIPSE 枪体被设计安放于表征腔的正上方，以俯视样品表面，在其视野范围内可同时监控多探针的操纵[见图 4(c)]。ECLIPSE 枪体下端极靴与样品表面间需留出约 21 mm 的工作距离，以方便光纤探针与双 STM 探针的自由移动及安放低温测试必备的热屏蔽罩。

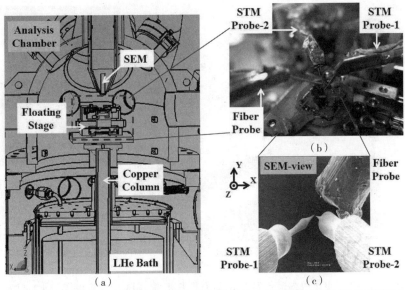

(a)分析腔内部结构草图(剖面图),虚线框指示核心测试平台,其下为连接液氦杜瓦的导热铜柱(冷头),其上为 ECLIPSE 电子枪,腔体左侧与制备腔连通,右侧与进针腔连通;(b)位于测试台上的双扫描隧道探针与光纤探针,其正下方为样品台;(c)在 SEM 俯视下的双扫描隧道探针与光纤探针

图 4　分析腔内部结构

　　ECLIPSE 枪体的内部结构如图 5(a)所示。在热场发射下,电子具有极佳的单色性与亮度(钨灯丝附近还专门配备小型离子泵以保护场发射的环境真空),电子束经过小孔光阑(Aperture)优化后能充分满足傍轴条件,仅通过二级透镜(objective lens)的聚焦以及八极像散消除器(stigmation octupole)的像散校正即可获得 10 nm 的成像分辨率[见图 5(d)],完全满足高分辨形貌成像的需求。ECLIPSE 枪体同时提供了可调的电子束加速电压与束流,通过一级透镜(condensor lens)的先聚焦,电子束束流可大幅提升;此外,通过选择大小适当的小孔光阑,不仅可对束流进行再调整,傍轴区作用也将适度优化电子束束斑。这些参数的可调对采用电子束探针进行阴极荧光(cathodoluminescence,CL)光谱测试以及阴极荧光成像(CL mapping)尤为重要。可变的加速电压为我们提供可控的阴极荧光成像分辨率,可变的电子束束流为我们提供强度可调的阴极荧光光信号;若配合 Steerers 的路径修正,阴极荧光成像分辨率可达到 200～300 nm[见图 5(e)]。

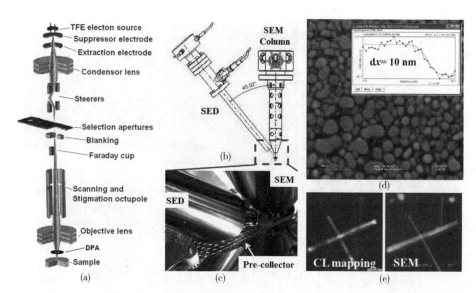

（a）ECLIPSE 电子枪内部各部件示意图（图片来源于 ECLIPSE 操作手册）；（b）二次电子探测器（SED）与电子枪的空间关系（互呈 40°角）（图片来源于 Orsay SED 操作手册）；（c）在 SED 闪烁体前添加的二次电子预收集金属网（虚线框所示）；（d）25 kV 加速电压、30 pA 束流下金颗粒的高分辨 SEM 图像，分辨率可达 10 nm；（e）电子束同步扫描下的阴极荧光图像

图 5　与电子束探针相关的结构图与测试图

由于 SEM 工作距离的增加以及所需视野范围的增大，在相应二次电子探测器的选择上我们并没有选用目前商用 SEM 中常见的 In-lens 探测器，而选用了安置较为灵活的 E.T.二次电子探测器（secondary electron detector，SED），并安放于样品法线斜 40°角方向［见图 5（b）］。为进一步提升二次电子的收集效率，我们在收集路径中还额外插入了用于预聚集的金属网格［见图 5（c）］，以扩大二次电子的收集面；其上施加约＋210 V 电压，以吸引更多二次电子信号，提升 SEM 成像信噪比与分辨率。

虽然 ECLIPSE 电子枪能满足高分辨形貌成像的需求，但在调试过程中我们发现所得的图像随测试时间的增长而逐渐模糊。美国 RHK 公司的工程师经多次调试未能解决该问题，请教 Orsay Physics 公司的工程师也未得其解。本组研究生陈荔和李孔翌经反复思考、拆卸及检测，观察到 SED 闪烁体前的二次电子预收集网两侧具有不同的表层，经翻面安装测试，解决了悬而未决的问题，提升了系统的稳定性。

2. 双探针扫描隧道显微镜模块

我们选用了目前在多探针 STM 领域具备丰富经验的 RHK 公司的产品，配备 SPM100 扫描控制器与 PMC100 压电马达控制器，隧道电流探测方面采用一级 IVP200(或 IVP300)前放配合二级 IVP-PGA 前放的设置。在超高真空腔内，为保证在 SEM 监控下的探针移动不会因外溢磁场出现图像畸变，样品台、光纤探针以及双扫描隧道探针的长程移动均采用新型无磁性压电陶瓷马达驱动，设计移动范围为 8 mm×8 mm，可在 CCD 摄像头下进行监控；光纤探针与两枚 STM 探针移动范围之间有 1 mm×1 mm 的交叠，而这一交叠区域被准确地设计于 SEM 视野正中。因此在操纵可视化上，我们可实现毫米级宏观操控光学显微镜监控、微米级与亚微米级介观操控 SEM 监控、纳米级与原子级微观操控 STM 监控的无缝覆盖，具备全尺度空间成像与物性表征的能力。双探针扫描隧道显微镜配备两枚可独立驱动的 STM 扫描头，为保证其下样品台具备足够的移动空间，STM 陶瓷管设计为在其上方水平摆放；同时为保证在 SEM 俯视下针尖最尖端可视，STM 针尖与样品表面呈 45°角[见图 6(a)]，针尖与样品表面的接触点可在 SEM 下进行直接导航定位；而两枚 STM 探针之间互呈 90°角。两枚 STM 探针均具备原子级成像分辨率[见图 6(b) 和(c)]，室温下的扫描范围最大为 1.1 μm× 1.1 μm，液氦下扫描范围最大为 0.4 μm×0.4 μm。经调试，两枚 STM 探针之间最小工作距离可达 100 nm，如图 4(c) 所示，即该系统可测量小至 100 nm 长度间距的电学特性。

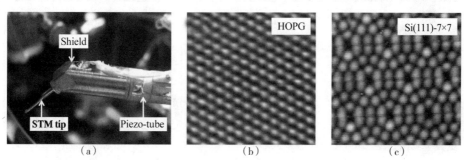

（a）STM 扫描头，扫描管水平放置，针尖与扫描管呈 45°角；（b）室温下 HOPG 样品的 STM 原子分辨图像；（c）室温下 Si(111)-7×7 表面再构的 STM 原子分辨图像

图6　扫描隧道显微镜扫描头与原子分辨成像

3. 光纤探针模块

由于电子束激发微米量级范围材料发光，若采用具有大收集角的透镜组或反射镜收光模式，纳米结构的特征发光通常将被掩盖，因而我们选择了物理体积小、操控灵活的光纤作为光信号收集端。相比光纤固定的设计，我们所采用的光纤探针设计方案可充分发挥光纤物理体积小、操纵灵活的特点[见图 7(a)]，经高精度步进马达驱动与 SEM 实时监控，光纤探针可被移至距离发光点极近位置（直线距离约 300 μm）进行定点光收集（非近场模式），以实现收集效率最大化。此外，光纤自身光耦合角小、收光范围集中的特征[见图 7(c)]，使非激发点发出的光信号极

035

难耦合入光纤探头,因此绝大部分的系统杂散光将被过滤。在光纤材料上,我们选取保真度高的高纯石英光纤,可通波段覆盖200～1500 nm;光纤芯径200 μm,并包覆约80 μm厚度的铝膜,该铝膜不仅有助于光全反射传导,在SEM下还可发挥优良的导电性以及低温下优良的导热性。光纤另一端连接光谱仪,我们选用Horiba公司iHR320光谱仪作为光信号分析端[见图7(b)],配备200～800 nm与800～1500 nm两块光栅(光栅常数1200),单色光分辨率可达0.06 nm。此外,为提升探测灵敏度,光谱仪末端选用TE制冷的光电倍增管与光子计数器作为信号放大与采集端,用于高信噪比的光谱采集[见图7(d)和(e)]与同步SEM扫描的单色荧光成像[见图5(e)],其暗背景仅为3～4 CPS。

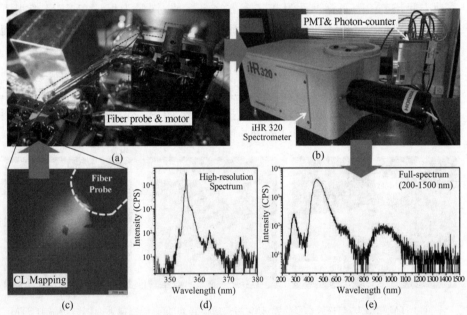

(a)光纤探针与压电马达(红色虚线所示区域);(b)用于光谱分析的iHR320光谱仪、光电倍增管(PMT)和光子计数器(photon-counter);(c)CL Mapping下的有效收光区域,虚线框指示SEM下的光纤探头,中心较亮处即光信号能被光纤有效收集的空间区域,非该区域的信号无法耦合入光纤探头;(d)高分辨CL光谱(测试样品为GaN,测试温度为9 K);(e)200～1500 nm全波段CL光谱(测试样品为Au膜,测试温度为300 K)

图7　光纤探针与光信号收集

4. 其他辅助模块

为降低外界机械振动对原位综合表征的干扰,系统设计了三级减震措施:①整套系统置于悬浮气垫隔离台(air legs)上,采用气垫支撑进行减震;②分析腔腔体设计为19 mm厚壁,以提高系统整体抗震性能;③分析腔内的核心测试台(放置样品台以及所有探针的平台)可开启机械悬挂模式(floating),悬挂弹簧内采用阻尼材料填充,以进一步降低外界振动对测试的干扰。

为使分析腔测试环境达到液氮或液氦温区,测试台正下方需连接 12 升杜瓦,冷量经铜柱传递至测试台,可将其上模块(包括样品台、所有探针与所有马达)冷却至液氮温区(最低 80 K,维持约 100 小时)或液氦温区(最低 6.6 K,维持 12 小时),这一设置可满足大部分低温测试需求。此外,分析腔内的测试台专门设立了双层热屏蔽罩,且屏蔽罩上所有玻璃窗口均镀有红外吸收层,以拦截外界热辐射以及杂散的电磁场。

多种探针原位综合表征系统这一实验平台的成功搭建,不仅为我们提供了集样品制备与分析表征于一体的实验条件,以便多种探针的集成更为我们提供了多功能、多尺度、多维度的高性能分析测试平台,而多种探针之间进一步地彼此协同配合更将为量子体系下,量子现象的立体呈现、物性规则的深入剖析以及量子行为的在线操纵提供强大的动力支持。

建强磁场条件　拓半导体疆土

——强磁场下半导体外延及原位检测系统

陈婷　吴志明　李金钗　郑同场

传统半导体工业集成度、运行速度囿于操控电子电荷的基础,数十载突飞猛进的发展已逼近其物理理论极限。通过自旋的存储、输运和检测,可加快数据处理速度,减少功耗,提高集成度,所以利用电子的自旋这一内禀属性成为半导体研究的重要发展方向,自旋电子学渐成热点。量子自旋霍尔效应的发现、拓扑绝缘体的成功制备及自旋力矩传输存储器 STT-MRAM 的产业化,无一不是这一领域的成果。电子自旋材料生长、测试往往在强磁场下开展。厦门大学的半导体人长期向往具有相关的实验条件,以便对电子自旋开展磁性能调控研究。然而,强磁场条件需要液氦低温下工作的超导磁体,特别对于材料的生长,所需的磁场空间较大。若要原位进行电子自旋的输运检测与调控,则要求有更大的磁场实验空间,以消除样品暴露在空气中表面吸附原子对自旋特性的影响,提高实验的精确度。如何构筑具有强磁场的半导体、磁性材料生长及其原位电子自旋特性表征的实验条件成为业界的挑战。

厦门大学康俊勇教授基于原有强磁场下晶体生长的工作基础,于 2010 年与时任副教授的吴志明博士着手规划建设强磁场下半导体和磁性材料的外延及原位电子自旋特性检测条件。经大量地查阅相关文献,了解到超导磁体可分为工作时需外加液氦和无须外加液氦两种,前者磁体价格相对便宜,但运行成本高,而后者由于包含可对磁体内氦气进行多级压缩的制冷机,总体价格较高,但维护运行费用较低。考虑到液氦采购的制约,决定采用无须外加液氦的超导磁体。另外,本条件系统置于超导磁体室温腔内的部件多,对室温腔的最小内径有一定的要求。而同等的最高磁场强度的超导磁体室温腔越大,需要的工作电流也越大,通常需专线供电,其配套成本会越高,所以磁体工作时所需最大电流也成为系统规划中需谨慎考虑的因素。我们综合考虑室温腔及最高磁场强度下磁体工作电流大小,依此来调研国内外不同公司产品的性能指标。当时,国产超导应用技术相对落后,未见产业化的超导磁体生产厂家,国内使用的超导磁体主要从美国 Janis、Scientific Magnetics、Cryomagnetics 以及英国 Oxford 等多家公司采购。其中美国 Cryomagnetics 公司、美国 CIA 公司及英国 Oxford 公司生产的超导磁体性能参数都能满足我们的应用要求。英国 Oxford 公司生产的磁体可提供较大的磁场(10 T),但其系统所需电流较大(180 A),涉及后续系统配套改造难度相对较高,而且报价较其他两家高。因此,我们优先考虑美国 Cryomagnetics 公司和 CIA 公司生产的磁体。康俊勇教授特地前往 CIA 公司的代理商上海宜鸿商贸有限公司拜访,深入了解超导磁体的技术细节和售后服务等,为后续的招标做准备。2010年底,吴志明副教授向学校资产部门提交了"可行性论证报告",并进行公开招标,经专家评定,最终选定性价比最高的美国 Cryomagnetics 公司生产的无须外加液氦的超导磁体,最大磁场可达 9 T,其具体指标如表 1 所示。

表 1　超导磁体技术参数

生产商	美国 Cryomagnetics 公司
最大磁场	9 T
室温腔尺寸	4 inch
磁场均匀性	0.1%
制冷机制冷量	1 W@4.2 K
最大磁场下磁体所需电流	100 A
温度监控仪接口	RS232
电源最大电流	100 A
电源电流分辨率	0.1 μA
电源控制接口	USB,IEEE-4888 和 Ethernet

　　磁体的难题解决完,设计和制备能在强磁体有限空间中工作的真空腔将是下一个亟待解决的问题。真空腔设计部分主要包括真空室的形状、尺寸、连接、传样,它们取决于总体方案、样品台的结构、超导磁体室温腔尺寸、传动装置等。已确定的超导磁体腔尺寸直径只有 10 厘米,且要求置于室温,而生长加热部件又必须放于腔内,为保证磁体的正常工作,真空腔必须具有较好的隔热和冷却功能。同时,由于材料外延生长时需要多种蒸发源或等离子体源,其体积较大,并要求蒸发原子能够直射至样品基底。这对设计的灵巧性和加工的精度有很高的要求。为此,我们将置于磁体内的真空腔设计为超薄双层、多冷却水通道结构,以保证生长制备时磁体的室温要求;生长所需的蒸发源、射频气体等离子体源、真空泵等体积较大,难以放入磁体腔内,康俊勇教授和吴志明副教授等人经过多次商讨和修改,提出并设计了独特的倒 T 形结构腔体,以保证腔内有足够的空间,如图 1 所示。

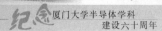
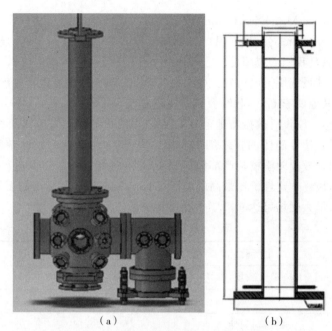

（a）　　　　　　　　（b）

图 1　真空腔体结构与倒 T 形腔体外观

　　如何在狭小的磁体腔空间中设计制备样品生长和表征台及低温探测装置是横亘在我们眼前的核心性难题。我们需要冲破固有思路桎梏，周全考虑和精密制备，创新性地在充分发挥现有实验条件上，实现"麻雀虽小五脏俱全"的目的。首先，在低温条件下研究不同磁场方向下样品的性质，调控材料的磁结构时，国内外常采用多矢量轴超导磁体，改变样品与磁场夹角。然而，购买多矢量轴超导磁体所需费用昂贵，康俊勇教授凭借着丰富的实验经验，另辟蹊径，提出磁场不转样品转的想法，通过转动样品台改变样品与磁场夹角。利用磁体室温腔相对较大的纵向空间，通过外部连杆操纵齿轮，使样品台可在 90° 内随意转动。同时，还需将样品台最高加热温度设计至 1200 K 以上，以高于不同磁性材料的居里温度。由于真空腔体上半部分径向空间较小，要实现样品台连同加热装置一并大角度地旋转，不但需要对转动装置进行精心设计，还需考虑加热方式及其装置的体积。特别在强磁场下通以大电流的导线所受的洛伦磁力巨大，容易损坏，基于原有强磁场体材料生长设备制备的经验，采用并行双股反向通电、辐射加热的模式，以相互抵消洛伦磁力。为了实现不同温度下原位电子输运性能测试，还需设计出可与样品台良好热接触的制冷装置和多探针同时电接触样品的探测装置，研究团队设计了外部联动装置，通过连杆分别操作磁体腔中的液氦池和探针，实现了样品变温和探测，如图 2 所示。对于倒 T 形结构腔体的下半部分真空腔，主要放置 3 个热蒸发源和 1 个等离子体源等，要解决各个源能到达样品表面束源角度小的问题,需要将体积较大的源部件置于磁体腔的正下方,而通常该位置用于连接真空泵,为此我们设计了将真空连接口置于侧面的倒 T 形结构,如图 3 所示。然而,外部连杆装置和倒 T 形下部将使更换样品难度加大。为此,我们将上部连杆与真空腔的连接部件设计成卡箍式,大幅度缩短了更换样品的时间。

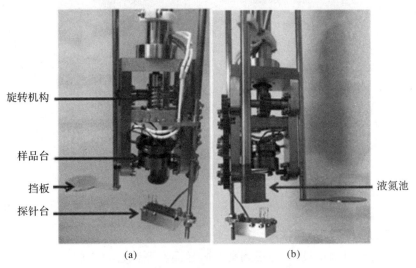

旋转机构

样品台

挡板

探针台

液氮池

(a)　　　　　　　　　　(b)

图 2　样品生长和表征台及低温探测装置

热蒸发源

等离子体源

图 3　生长源

强磁场中的原位表征主要采用霍尔效应与磁阻测试。为了提高测试的灵敏度,我们采用 pA 量级的电流表、nV 量级的电压表,以探测量子霍尔电压和磁阻的微小变化。通过学校资产处公开招标,购置了 Keithley 仪器公司的 6221 精密电流源、6485 电流表(精度 pA)和 2182 电压表(精度 nV),以及 7065 霍尔效应卡的 7001 电路快速切换系统,通过 IEEE-488 Bus 将电路硬件、温控硬件、磁场硬件等与电脑 LabVIEW 软件连接，实现对电流表、电压表、超导磁体的控制及数据采集，具体外形如图 4 所示。

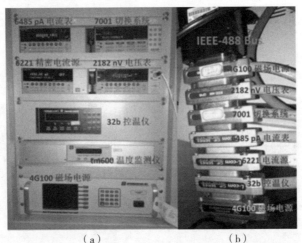

（a）　　　　　　　　　（b）

图 4　磁阻效应与霍尔测试系统

考虑到实验过程中的各种差别，系统还增加了以下设置：

①高低电阻测试设置：考虑到高低阻样品在测试过程中的噪声等因素对测量结果的影响，采用了两种电路，在 LabVIEW 界面增加了高低阻设置按钮。

②接触测试：增加了 IV 测试，判断电极与材料的接触情况。

③在恒定磁场、恒定温度的情况下测量样品的电阻值和霍尔系数，在此基础上计算载流子迁移率、载流子密度等参数，并显示测试的中间过程数值，以判断测试结果的可靠性。

④变磁场霍尔测试。

⑤变温电阻率、霍尔系数测试。

经过所有成员的不懈努力，团队终于完成强磁场条件建设以及其中的半导体等材料的分子束外延及其原位测试，整体设备如图 5 所示。该系统的建成实现了厦门大学半导体人梦寐以求的实验条件，为进一步开展半导体自旋特性的研究，在新兴半导体科研领域开疆拓土及进一步提高国际竞争力奠定了基础。

（a）　　　　　　　　　（b）

图 5　整体设备实物图

构筑超越自然极限的冷窖

李恒　吴雅苹　吴志明　张纯森

随着传统科技的日臻完善,为了拓宽对物理世界的认知,探求更深层次的科学内涵,突破常规的极端实验条件变得越来越重要。作为最基本的极端实验条件之一,极低温可以有效抑制物质电子、原子的无规则热运动,呈现材料结构物理本质乃至纯粹的量子力学现象。极低温中的电子在量子机制控制下开始聚结、交叠并逐步同步,同时表现出波和粒子两种状态,甚至生成稳定的玻色-爱因斯坦凝聚态。毫无疑问,极低温环境为人们在原子尺度上探索物理科学创造了完美的条件,前所未有地拓展了人们对物质结构及其变化规律的研究深度和广度,对于开辟新技术、探索新现象、掌握新规律、发掘新物态等方面均有着重大的科学意义,极低温的世界犹如童话般令人神往。

人类历史上,低温技术的获得经历了漫长的岁月。最初人们只能依赖大自然的恩赐,构筑冰窖,贮存天然冰块。工业革命兴起之后,人们便开始探索、寻找新的制冷方式,并逐步形成了专业的低温技术。节流降温是获得低温的常用方法,通常用压缩机将制冷工质压缩,同时用冷却水将压缩气体的热量带走使其冷却,冷却后的压缩气体工质再经由膨胀过程降温制冷或通过节流阀降温。常见的制冷工质有空气、氨气、氟利昂、氢气、氦气等气体。可获得的最低温度受限于制冷工质的凝固点,用氨作为制冷工质时最低可达 239.5 K,用氟利昂最低可达 145 K;氮气是空气的主要成分,因而液氮可经由空气液化分离而获得,其最低温度可达 63.2 K;而若采用氦气作为制冷工质,最低可达 2 K。实验室使用的液氮、液氦一般就是采用这一方法制取的,通常制冷温度分别为 77 K 和 4.2 K。

液氮是一种无毒、无色、透明的惰性液体,贮存液氮的杜瓦容器较为简单,在低温实验室中,液氮可直接在空气中倾注。此前,在厦大宽带隙半导体研究组的分子束外延-扫描隧道显微镜联合系统、原位半导体纳米结构综合探测系统、强磁场下半导体/磁性材料异质结构外延及原位自旋相关输运检测系统等多台真空系统中,已成功运用液氮作为制冷剂辅助半导体材料的生长,并实现低温下薄膜表面电子态的探测。然而,要更为精确地控制材料的原子级沉积,观测到更为精细的电子结构,更为极限的低温条件尤为重要。液氦在一个标准大气压下的沸点为 4.2 K,若用减压蒸发方法还可获得 0.5 K 以下的极低温度。除此之外,利用 3He 蒸发的低温恒温器是获得 1 K 以下温度最简便的方法。3He 质量小,沸点低至 3.19 K,在所有的温度下它的蒸气压比 4He 高,且不存在 3He 蒸发而产生的额外漏热,通过减压可低至约 0.3 K。这样的极低温度是凝聚态物理研究中十分重要的极端实验条件,也正满足了我们今后在自旋电子输运、量子态调控等前沿研究领域的实验需求。因此,基于此前的低温技术经验,我们于 2012 年开始着手探索液氦(4He)及 3He 极低温实验条件的建设。

中国属于贫氦国,全部液氦均从美国进口,近年来,液氦价格的飞速上涨及供应的不稳定性,对国内众多液氦/高纯氦气需求用户产生极大的风险和威胁。且大部分实验室目前的做法仍然是将挥发氦气全部放空,这既造成了资源性气体——氦气的极大浪费,又增加了实验室极低温实验条件建设的成本负担。因此,建立氦气回收再液化设施成为当时极低温实验室建设的当务之急。然而,专业致力于氦气回收/纯化/液化领域的技术服务及设备提供商主要是国外厂家,设备昂贵,单凭我们研究组的研究经费无法承担相关的费用。

与此同时,国内科研用途的各类低温超导磁体大量增加,医院超导核磁共振的快速普及,大规模光纤和集成电路制造企业、液晶显示行业的投产,对液氦/高纯氦气的需求急剧增加,推动了国内高科技企业对氦气液化系统的技术投入和设备制作。京安古贝(北京)科技有限公司就是其中之一,2009 年,该公司联合中科院理化所研制出首台以 1.5 W/4.2 KG-M 制冷机为冷源的商业运行的 JA100 氦气液化系统。2010 年又升级为 JA20 氦气液化系统,并安装于北京师范大学、西北工业大学等单位。虽然该系统有较低价格优势,但是液化效率低,制约了规模化的制冷。

针对 JA20 氦气液化系统的问题,我们成立了由李恒博士、吴志明教授(时任副教授)、康俊勇教授等组成的技术小组,详细比较国内外厂商可提供设备的配件和技术参数差别,掌握了可能提高液化效率的技术方案。经与京安古贝技术人员深入探讨,最终确定了改造升级 JA20 氦气液化系统的方案。

采用高效率大体积氦气储存容器。由于氦气分子量低,密度小,极易逸散出系统,必须用高分子材料制成的气袋收集和暂存。然而,一方面,高分子材料容易损坏,需要避免阳光直射,保持干燥洁净,防止划伤;另一方面,设备开始灌注液氦时,大量液氦用于冷却杜瓦等部件腔体,短时间内产生大量的氦气,普通的气袋体积难以及时地回收。为此,技术小组经过对实验室周围环境的细致考察,提出对实验室外小配电房进行改造的方案,以保证在储存容器气压安全的情况下,减少氦气逸散到大气的总量,提高液化效率。

采用大功率的压缩机。除增大气袋空间外,尽快地将气袋中的氦气压缩至钢瓶组内既能增大气袋的缓冲储存能力,也能有效地防止氦气逸散及纯度降低,为实现这一目标我们采用大功率的压缩机。一般而言,大功率的压缩机工作时振动幅度较大,将影响其他设备的工作。为此,技术小组将压缩机安装于原配电房内,并封闭隔离以有效地降低噪声,进一步增强了容器的缓冲存储能力,提高了液化效率。

采用多级纯化系统。氦气的液化点约在 4.2 K,在所有气体中最低。若气源的纯度不够,在压缩液化的过程中常因氧、氮等杂质混入发生低温固化阻塞氦压机管路现象,只能回温使杂质再度气化加以疏通,既浪费气源又浪费时间。技术小组仔细考察了 JA20 系统之前在国内兄弟院校的工作情况,决定采用分子筛—液氮冷阱—精细纯化三级纯化系统。分子筛—液氮冷阱均采用 AB 双塔循环工作模式,15 天为一个循环不间断工作周期。在第 12 天到第 15 天,即液氮冷阱工作周期的后 20％时间里,由于杂质吸附渐渐饱和,气源纯度逐渐降低,这时加入最后一级精细纯化系统,可保证氦压机气源纯度不降低,避免气路阻塞,提高液化效率。

技术小组采用上述新方案虽然可提高液化效率,但需额外的投入,并且所能筹集到用于购买设备的预算经费额度普遍较低,不同经费使用有一定的时限要求,在短时间内凑足整笔搭建费用困难重重。如果首次搭建不能一步到位,除造成工作效率偏低外,从长远

(a)

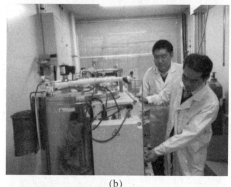

(b)

(c)

(a)改造后的凌峰楼实验室配电房,房顶为储存空间达 28 m³ 的全不锈钢气袋房,大幅度增大了储存空间,顶棚为有机的防雨材料,其与容器间加装了隔热层,用于保护高分子氦气缓冲存储气袋,有效地防止气袋的损坏和老化;(b)吴志明教授和李恒博士在观察调整液氦压缩机工况;(c)李恒博士和吴志明教授在调试氦气气源液氮冷阱纯化器

图1　改造升级 JA20 氦气液化系统

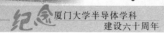
的眼光来看今后必然面临升级改造重复建设的问题,实际上将造成建设经费更大的浪费。在技术小组面临两难选择的情况下,课题组带头人康俊勇教授毅然决定按原标准建设,并承诺其120万元特聘教授经费不足的部分从个人后续的科研经费再度支出。而后,技术小组与京安公司沟通,提出分次付款的要求。分次付款对企业而言无疑增加了变数和不必要的麻烦,但在具体了解实际情况后,公司领导层也被康教授为了学校科研平台建设不计个人利益得失的无私奉献精神所感动,终于同意了分次付款的要求,并决意全力配合技术小组,将厦门大学的JA20液化系统打造成我国南方地区液氦压缩循环利用的样板!

低温技术离不开真空技术是显而易见的,它们之间的关系以气体与固体或液体的相互作用为基础。在超高真空绝热环境中,气体分子数极少,极大程度抑制了分子之间及其与腔壁、液氦间的热交换作用,从而获得并维持极低温条件。同时,我们获得的极低温液氦,也必须在杜瓦瓶等真空绝热的条件下保存和应用。因此,要实现并充分保证极低温条件,首先必须获得极低压的超高真空环境。此外,对于我们将进行的课题项目——半导体自旋电子特性研究,除了超高真空和极低温以外,强磁场测试条件也是必不可少的。为了将极低温技术应用于真空强磁场扫描测试,必须设计加工一个特殊的设备系统,集超高真空、极低温、强磁场这些极端条件于一体,并与扫描探针技术结合起来,这便需要大量经费的支持,同时也具有较大的设计难度和技术挑战。为此,课题组学术带头人康俊勇教授牵头向国家自然科学基金委申请专项经费,由于该项申请符合国家重点基础研究发展计划和重大科学研究计划的方向,具备重大的科学意义及创新性,因此顺利得到了基金委科学仪器基础研究专款的支持,申请到"强磁场下半导体/磁性材料异质结构外延及原位自旋相关输运检测系统研制"这一项目,获得了310万元的资助,总算解决了一大部分的经费需求。为了搭建这一系统,我们便开始对国内外的多家大型设备设计加工公司的情况展开深入的调研,其中包括国内最知名的沈阳科仪、大连的齐维科技公司,以及曾经与我课题组有过合作的德国OMICRON公司等。经了解后,我们发现国内沈阳科仪、大连的齐维科技公司技术相对落后,主要加工中低端产品,无法实现极低温强磁场要求;德国OMICRON公司主要生产和制备分子束外延设备,并未加工和研制过极低温设备;美国Quantum Design公司可实现超高真空条件,但也没有集成极低温和强磁场的经验。相形之下,日本UNISOKU公司自1974年创建以来,一直致力于超导磁体、低温恒温器、低温附件及其他基础科研仪器的开发和产品化工作,达到全球领先水平。在世界范围深受各国科学工作者们的信赖和好评,是目前国际上唯一一家具备设计、生产及加工极低温强磁场超高真空腔体技术的公司,且创办历史悠久,产品工作稳定性高,噪声极低,各项指标与综合性能均显著超过国际其他公司产品。同时我们了解到,UNISOKU公司加工的超高真空极低温强磁场腔体在国内外多所高校和研究所均有应用,如日本的东京大学,国内的清华大学、上海交通大学和中国科学技术大学等,拥有的极低温强磁场超高真空腔体均来自于该公司,它们的质量都获得了好评。于是课题组带头人康俊勇教授果断决定与日本 UNISOKU 公司合作,共同设计加工这台超高真空极低温设备系统。

要实现极低温条件,除了液氦(4He)及 3He 制冷剂以外,系统结构的设计加工最为关键。从杜瓦液氦筒的结构设计、杜瓦内部温度计的安装到零部件加工、多层绝热材料的布置无一不是绞尽脑汁,费尽心血。尤其是杜瓦液氦筒内部结构复杂,包含真空隔热层、1 K 池、吸附泵、3He 恒温器及其抽空管路等组成部分,设计时既要评估液氦蒸发率以计算液氦筒容积,又需根据磁体的结构特点和安装位置确定杜瓦的内部构成和各零部件的放置安排。真空隔热层空间的设计必须最大限度隔绝与外界的热交换,保证将系统的漏热减至最低,并有效地导热至样品台,为其提供持续稳定的极低温环境,并可同时使得浸泡于其中冷却的超导磁体能够产生高达 11 T 的稳定的背景磁场。各管路及真空泵的设计布置可实现对 1 K 池、吸附泵、3He 恒温器的持续抽空减压,以获得尽可能低的极限温度。由于整体空间有限,在如此小的结构中必须保证各部件之间不形成热短路,各部件的尺寸必须准确设计。整个杜瓦在组装完毕后还需经过氦质谱检漏仪整体检漏,确保达到漏率指标。液氦的温度极低,不仅能够迅速冷冻人体组织,还会导致许多常用材料,如碳素钢、橡胶、塑料等变脆乃至破裂。而且,即使在隔热良好的容器内,低温液氦也不可能长期维持在液体状态,它们从密封的容器中蒸发产生大量的气体,将对液氦杜瓦产生较大的压力。因此,无论贮存的容器、灌注的管路,还是最后的低温杜瓦,都必须层层保护,并精心设计减压阀口、出气孔径和管道以防止过压。此外,蒸发产生的氦气无嗅、无色、无味,在封闭的实验室中容易通过取代空气导致窒息,为此,我们特别改造了实验室内的抽气补风装置等安全防范措施。总之,为了建设这一厦门大学前所未有的极低温实验条件,从合作厂家的调研协商,到设备系统的设计加工,乃至实验室的水电改造,无一不是经过了无数次细致的考量和深入的评估。设备系统设计加工基本完成后,学术带头人康俊勇教授以及吴志明教授和李恒博士还特地亲赴厂家考察生产进度。

终于,历经 3 年多的攻关和试验,克服重重困难,课题组的吴志明、李恒、吴雅苹、张纯森、陈婷等年轻博士们,在康俊勇教授的带领下,在 2016 年的寒假期间将实验温度降低至约 398 mK(见图 2),这一极低温条件完美地摒除了噪声的干扰,使我们在扫描隧道显微测试中得到了更为纯粹的物理图像。在这一条件下,我们成功地获得了 Pb 薄膜的扫描隧道谱,观测了其超导带隙(见图 3)。由于各项工作准备较充分,设备工程师的调试工作进行得一帆风顺,各项指标也很

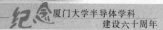
快达到合同要求。

图 2　极低温扫描隧道显微系统

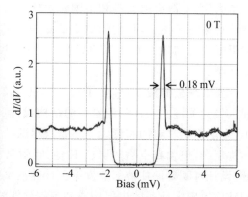

图 3　400 mK 下超导 Pb 的 dI/dV 谱

　　我们知道,绝对零度永远无法达到,只可无限逼近。宇宙微波背景热辐射温度为 3 K,而宇宙最冷之地"回力棒星云"温度约为 1 K,是宇宙空间最低的自然温度。可见,398 mK 这一低温已经超越了宇宙间最低的自然温度。极低温实验条件的实现对半导体、磁性材料及异质结构的原位电子特性表征和调控都有着至关重要的意义,它不仅可以提升我校在该领域的研究实力和"985"科技平台的建设水平,又可以促进学科的交叉与发展,为海西及国家经济发展做出贡献。在极低温的物理世界里,将有层出不穷的奇妙性质等待着我们去追求与探索。

构筑洁净室　铺垫新征程

杨旭　李书平

"刷门禁,换无尘服,戴口罩,穿手套,进风淋室",这样一套简单的标准动作伴随着每天的工作重复做了十年。这十年,从一个终日穿梭于洁净室,初入半导体专业的小兵,到开始负责设计、建设厦大半导体学科,特别是在建设首个现代标准化的洁净实验室这一过程中,我体会最深的是感激。感激厦大几代半导体人的薪火传承与不懈努力,感谢院校各级领导的重视与支持,使自己能有机会参与到洁净室的建设,为新时期半导体学科的建设发展贡献一分力量。

一、洁净室技术的发展历史与建设的必要性

空气洁净技术发展经历了五个阶段。

第一阶段是朝鲜战争中美国发现其大量电子仪器失灵故障,其中 16 万个设备就需要 100 多万个替换电子元件,84％雷达失效,48％声呐失效,陆军 65％～75％的电子设备失效,并且每年的维修费用超过原价 2 倍,而 5 年中空军电子设备的维修费用是设备原价的 10 倍多。最终,美军找到了主要原因——灰尘,这促成了空气洁净技术的起步,特别是高效空气粒子过滤器(high efficiency particulate air filter,HEPAF)的诞生,这是洁净技术的第一次飞跃。

第二阶段,1957 年开始的美苏太空竞赛,特别是阿波罗登月,不仅精密机械加工和电子控制仪器要求净化,而且为了从月球带回岩石,对容器、工具的洁净度更是有严格要求,其加工环境必须超净,因而带动了洁净室技术和设备的大发展,出现了层流技术和百级洁净室,出现了首个洁净室标准。

第三阶段,1970 年 1 K 位的集成电路进入大生产时期,中国不久也开始集成电路"会战",使洁净室技术得以腾飞。

第四阶段,20 世纪 80 年代大规模和超大规模集成电路的发展进一步促进了空气洁净技术的发展,其中,集成电路上最细光刻线条宽度进入 2～3 μm。20世纪 70 年代末和 80 年代初,美国、日本研制出了 0.1 μm 级超高效过滤器,于

是既对洁净室提出了更高要求,也有了更高手段。

第五阶段,即 20 世纪 90 年代之后,超大规模集成电路的制造技术发展迅猛,每隔两年其关键技术就会有一次飞跃,集成度每 3 年翻 4 倍。集成电路随着集成度的加大而不断缩小其特征尺寸,增加掩膜的层数和容量,洁净室设计中控制粒子的粒径也将随之日益缩小。集成电路芯片缺陷中有 10% 为空气粒子沉降到硅片上引起的,据此可以推算出每平方米芯片上空气粒子的最大允许值。因此集成电路的高速发展,不仅对空气中控制粒子的尺寸有更高的要求,而且对粒子数也需进一步控制,即对洁净环境的空气洁净度等级有更高的要求。此外,目前研究和生产实践表明,对超大规模集成电路生产环境化学污染控制的要求也十分严格。对于重金属的污染控制指标,当生产 4 GB 的动态随机存取存储器(dynamic random access memory,DRAM)时要求小于 5×10^9 原子/cm^2;对于有机物污染的控制指标要从 1×10^{14} 原子/cm^2 逐渐减少到 3×10^{12} 原子/cm^2。因此,半导体技术的进步毋庸置疑是推动洁净室技术发展的核心动力,同时洁净室也是半导体制造技术不可或缺的基础保障。

另一方面,半导体科学属于物理学科的一个重要分支。当前物理学科正向宏观的更宏观、微观的更微观两个极端方向发展。在微观领域,基于量子力学原理的量子阱、量子线与量子点等低维结构材料,和由此而引出的各种新型器件研究及器件在微电子、纳电子、光电子和光电集成方面的应用,形成了物理学科新兴而迅猛发展的领域之一,它们的发展无疑将会引起信息科学、材料科学和能源科学技术的新飞跃。当前国内众多从事微观领域前沿研究的国家级科研平台都是以物理学科为主导,多学科交叉相互促进发展的格局。例如,微结构国家实验室(量子调控)依托于南京大学物理学院,合肥微尺度物质科学国家实验室依托于中国科学技术大学物理学院,北京凝聚态物理国家实验室依托于中科院物理研究所等。在这些国家级科学平台中,洁净室所提供的科研环境无一例外地成为开展微观尺度研究的重要一环。因此洁净室也是物理学前沿研究重要的支撑保障。

此外,随着多学科交叉融合更为紧密,微纳加工技术应用范围已从原有的半导体产业迅速渗透到了机电、化学、医学生物等多个学科领域,这对微纳加工技术本身提出了更高的要求。当前,制约微米尺度加工技术向纳米尺度加工技术发展的瓶颈则是光学曝光技术本身的限制,需要深入研究突破衍射极限的光学行为和物理机制,大力发展超分辨技术。因此,物理学科也是推动微纳加工技术水平提升的核心动力。这其中洁净室是从事微纳加工最基本的要求。

二、新洁净室建设历程回顾

事实上,学校在 2001 年就依托微机电研究中心在亦玄馆建设了厦大首个洁净室,之后又利用部分洁净室空间成立了半导体光子学研究中心。在两个中心平台的建设与发展过程中,众多厦大半导体学科的前辈师长们前仆后继投入了极大的精力与辛勤汗水,在微电子和光电子研究领域,取得了诸多在国内外具有影响力的学术成果。然而,时过境迁,物是人非。为顺应当前热门研究领域的发展潮流,近些年,学校对亦玄馆洁净室的功能定位与发展导向进行了调整,现有的半导体学科实验空间受到了严重制约。此外,亦玄馆洁净室的使用空间早已过饱和,南光三号楼(老物理馆)和嘉庚四号楼的建筑结构也不适合进行洁净室改造,导致有不少相关专业老师,特别是青年教师,无奈放弃建设新仪器设备的想法,部分关键实验与测试只能在外单位完成,而有些老师为了搭建高水平仪器设备,甚至通过各种渠道向外借实验室空间,用自己的科研经费自建和维持小型洁净室的运转。这种"借鸡下蛋"的模式,仅能暂时缓解但未能彻底解决半导体学科实验空间受限的矛盾。与同期进行大规模半导体、微电子学科软硬件建设,实现跨越式发展的国内兄弟院校与科研院所相比,差距日渐显著。

"山重水复疑无路,柳暗花明又一村。"2012 年,随着厦大翔安校区的投入使用,学校办学空间的发展进入了快车道,物理与机电工程学院也搭上了学校进行大规模基础建设的顺风车。同年,学校规划在思明校区海韵园山坡顶,通过挖山拓地建设一座总建筑面积为 20740 m² 的新物理机电航空大楼。在新大楼进行建筑设计伊始,学院院长吴晨旭老师便提出在新大楼的一楼,专门安排出部分空间用于建设一个工艺流程完备的现代标准化洁净室,具体空间位置由李书平老师负责统筹规划。我由于之前一直在亦玄馆洁净室工作,期间也有参与过小型洁净室的建设,积累了些许经验,因此李老师也就安排我一起进入新洁净室建设的工作中来。2012 年 11 月下旬正式迈开了新洁净室建设工作的第一步,彼时殊不知这漫漫长路一走几近 4 个年头。

总结起来,可将新洁净室建设工作归纳为 4 个阶段。

第一阶段,2012 年 11 月至 2013 年 11 月,是洁净室前期规划设计与论证阶段。在此阶段我先后联系了 4 家在厦大有过实际工程案例的净化工程施工厂家,通过与厂家技术工程师及相关专业老师们进行多次讨论,基本确定了洁净室的功能分区布局、附属设备机房位置、总用电量估算及相关的基建配套要求,并将这些要求汇总至负责大楼整体设计的厦门大学建筑设计研究院,使其在大楼施工阶段就予以安排配套。

第二阶段,2013 年 12 月至 2015 年 11 月,建设资金筹措阶段,也是过程最为曲折漫长、令我记忆最为深刻的一段时期。详细统计下来,为筹措洁净室建设资金,我和李书平老师前后就草拟了 13 个版本的申请报告书与预算报告。申请材料上报至校领导、规划办、财务处、资产与后勤管理处等几乎能想到的学校所有职能部门。期间学院众多老师给予大力的帮助支持,院长吴晨旭老师更是多次亲自拜访学校主管领导,希望洁净室建设经费能够早日落实,康俊勇老师对洁净室的功能及结构规划提出了不少新颖又切实可行的建议。最为感动的是,物理学系主任蔡伟伟老师,为物理及半导体学科的长远发展,个人捐资100万元用于支持学院新洁净室的建设。"念念不忘,必有回响。"2015年11月6日上午,我先后接到了资产处许熠塾老师、李书平老师和吴晨旭老师的电话,告诉我洁净室建设经费有着落了,但当天晚上就要将项目申请材料整理出来上报校财务处。由于前期为建设做了充分的准备与论证,申请材料于第二天凌晨便按照格式要求整理好并及时上报,同时我还联系了前期进行了充分沟通的几个施工厂家,让他们尽快提供正式的工程报价明细,以便用于第二周就要开展的项目评审工作。最后,学院申报的"物理基础科研与实践创新平台"项目通过了教育部专家组的评审,洁净室建设获得教育部的515万余元特别经费支持!

第三阶段,2015年12月至2016年7月,洁净室建设项目采购及实施阶段。按照项目执行进度要求,所有工程项目的招标工作要在2015年12月底之前全部完成。在2015年11月项目开始申请至2016年1月工程建设开工前这3个月的时间里,资产处的同事们特别是许熠塾老师为了使我们洁净室建设项目能够顺利落实与开展,不辞辛劳加班加点,做了大量工作,从招标文件的起草、修改、公示、开标评审直至中标公示,每一步的时间节点都经过反复推演、精确计算。最终,洁净室建设项目的净化主体工程与气体管道工程分别由苏州工业设备安装集团有限公司厦门分公司与上海吉威电子系统工程有限公司中标,在2016年1月中旬正式开始施工建设。洁净室工程项目涉及的子系统复杂烦琐,设计之初无法面面俱到,开工建设之时仍要根据实际情况进行优化调整。为此李书平老师对我的工作给予充分信任,让我放手去做,施工细节问题可由我与厂家工程师直接商议做决定,遇到棘手的困难再由他主动出面协调。对于施工方案的优化调整、施工质量的管控、细节问题的处理,负责现场的施工单位工程师涂文华尽心竭力排忧解难。施工期间带来的噪声、粉尘及异味污染难免会对大楼内其他老师同学的工作学习带来影响,学院院办主任刘俊希老师做了大量协调和解释工作,绝大多数老师对此表示理解,这为我分担了不少工作压力。在这段时期里还发生了一件插曲,厦门初春终日阴雨,3月下旬的一天中午,新大楼南侧的一段山坡突然发生滑坡,将一个我们租借的用于临时放置施工期间仪器设备与实验家具的集装箱板房冲毁,所幸仅造成一个木制实验台损毁。第二天一早我就和高娜老师冒雨组织部分研究生在施工厂家的配合下,将冲毁板房中的仪器设备与实验家具转移到新大楼内较为安全的地方。果然几天之后,同样的地点发生了二次滑坡,由于冲毁板房的阻挡缓冲,避免更大的安全损失发生。事后想起这段经历,仍心有余悸。

第四阶段,2016年7月至今为洁净室建设项目调试及验收阶段。在新洁净室方案设计之初,我们就依据高校仪器平台的开放使用有别于企业洁净厂房使用的特点,对净化系统控制及能耗控制提出了新的要求。这就提高了控制程序与能耗计量程序的复杂度,需要在试运行期间进行大量的软硬件调试工作。目前调试工作基本完成,通过初步测试已达到开放运行的条件,即将进入正式验收阶段。

三、新洁净室功能简介

物理机电航空大楼洁净室位于大楼一楼靠东北侧部分,其中包括净化区面积511 m²、辅助设备间面积94.1 m²、室外5 m³液氮储罐等。按照不同的半导体制造工艺要求,将净化区又划分为2个十万级区、4个万级区(见图1)、1个千级区、1个动态百级区域(黄光区)及1个公共区域[含万级洁净走廊(见图2)、十万级缓冲间、十万级更衣室]。自控系统实现了三级控制——净化区分区现场控制、值班室监视控制及互联网远程控制。同时每一分区的格局与系统控制相对独立,能够依据实际使用需求,针对性启停各个局部区域净化空调的功能,最大化实现系统运行节能。一般来说,洁净室比普通空调办公楼每平方米的能耗高10~30倍,其能耗除了仪器设备之外,主要来自制冷负荷和运行负荷。因此,在洁净室设计环节,就将制冷负荷与运行负荷作为节能设计的重点。采用高能效比的风冷式冷水机组作为冷源,采用具有二次回风功能及低漏风率的空气处理机组、冷冻水泵实现变频控制、通风橱排风及工艺热排风。在洁净室运行环节,我们自主提出了一种基于能耗大数据分析的洁净室运行动态管理方案。对洁净室系统中所有的仪器设备、净化系统及配套附属设备的能耗,通过安装数字电表与能量计的形式,进行实时计量并自动生成数据表格,运用大数据分析算法评估各子系统能耗与实际使用情况的相关性,并根据分析结论对原有节能方案进行调整优化,以期实现洁净室的二次节能管理。

图1　万级分析测试区

图2　洁净室通道

图 3　百级光刻区

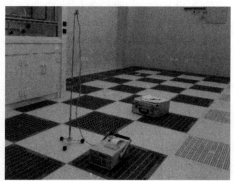

图 4　光刻区进行洁净度测试

四、后记

伴随着洁净室建设工程即将竣工，另一项更具挑战性的工作摆在面前——洁净室仪器平台的建设。半导体制造工艺流程复杂，涉及的仪器种类繁多，从图形结构制备、图形结构转移到器件封装及测试，一条完整的工艺线至少需要 20余台各类仪器设备。此外，为了保证制造工艺水平，必须选用高精度、高技术指标、高稳定性的工艺设备，然而，目前能生产高端半导体制造装备的厂家主要集中在德国、美国、日本等少数国家，且价格昂贵。在核心制造环节，如光刻、等离子刻蚀、薄膜沉积等工艺中，国产设备的制造能力仍有较大差距。因此，半导体制造工艺平台仪器的建设成本通常都是以千万元来计。如此规模的建设资金投入，除非得到国家和学校层面的重点支持，否则仅凭单个学院或老师筹措无疑杯水车薪。就在 2016 年 5 月上旬，教育部、发改委、科技部等联合发表《教育部等七部门关于加强集成电路人才培养的意见》，集成电路及微电子学科发展上升为国家战略，厦大半导体学科遇到了难得的发展机遇。在此背景下，也许仪器平台的建设资金能够顺利得到落实，值得期盼，即便又是一轮 4 年等待。

"刷门禁，换无尘服，戴口罩，穿手套，进风淋室"，对我来说不再是简单的重复动作，在镜子面前整齐衣冠，走出风淋室的一瞬，更是一种无声的告白。走向洁净室通道的深处，迈向厦大半导体学科发展新征程。

二

囊萤映雪　晶工生辉

信步半导体科学天际线

康俊勇

　　从我从事与半导体相关的工作起,一晃也已 30 余年。其间,尽管先后痴迷于物理学的诸多学科,但每次均回到更为现实的半导体科学应用的轴线上。读大学本科时,我常常挤出时间听理论物理专业的"高大上"课程,被一些完美的体系所折服,而到了毕业实践时,却选择制作大众需求比较大的分立元件黑白电视机。虽说往返于"天""地"之间,既可享受九霄漫游的愉悦,又可体验人间生活的乐趣,但强烈的差别还是带来巨大的身心冲击。硕士研究生阶段,我致力于群论、固体能带论以及用于显示和显像的发射黄绿光的二极管(LED)特性的学习和研究,毕业后仍旧投入物理系与厦华电子公司合作开发彩色电视机的浪潮。鉴于国内生长 LED 技术的制约,在博士阶段我获得了到日本学习化合物半导体生长的机会,当时的主流研发还是 ZnSe 等可发射浅蓝光的 II-VI 半导体。回国后,面对空旷的实验室,我于 1997 年伊始毅然投身可发射蓝紫光 III 族氮化物半导体的研发。于是,厦大半导体人有了自己生长和制备的蓝光和深紫外光LED。伴随着半导体短波长发光二极管发光效率的提高和在显示和显像的应用,电视机厚度从数十厘米减薄至数厘米。人们轻松地把电视"塞入"电话中,边走路边视频通话也成了常态。然而,不像对半导体集成电路的预言有摩尔定律(Moore's law)可循,半导体 LED 的核心结构——有源层已悄然地从微米进入纳米量级;半导体人已率先在 LED 材料和器件中"玩转"了原来人们认为高不可攀的量子力学,使 LED 研发成为半导体科学的一道天际线。

一、立足精材　极目云天

　　在半导体光电子学科中,光,除了人眼可见部分外,还涵盖红外线和紫外线。其中紫外线波长短,相应结构要求的尺度和精度更高,带隙更宽,尤其是紫外线的 C 波段(UVC),能够担当此重任的只有 AlN 基氮化物。这种材料熔点高,难以长成高质量的单晶,更不用说构造出量子结构,所以传统上均以陶瓷的功能被使用。为了突破这一难关,我们系统地做了布局。我从研究 AlGaN 中的缺陷入手,在国家自然科学基金、高等学校中青年骨干教师、教育部优秀青年教师等项目资助下,开展了一系列的工作。记得当时厦大 MOVPE 设备刚建成,预约生长不同的氮化物结构材料的老师和学生多,每周能得到的机时只有 1 天。采用同样的菜单长出的 AlN 基氮化物外延片差异很大。为了解决问题,我们不惜花费机时和费用,做生长前处理,经与陈航洋、刘达艺、李书平等同事数个月的反复讨论和摸索,才克服了不稳定因素。我国著名的氮化物专家,北京大学张国义教授得知后,就决定将其负责的国防基础项目“用于导弹制导的高性能太阳光盲焦平面深紫外光探测器”中的结构材料生长部分交给我们来完成。

即便如此,在当时 MOVPE 设备最高生长温度下,也难以克服 Al 原子黏性系数较大、迁移率较小、MO 源材料预反应严重等所引起的高 Al 组分 AlGaN 外延层不平整、位错密度大等难题。面对生长高质量的二维量子结构的挑战,我们选择迎难而上。经充分的准备和酝酿,我们获得了国家高技术研究发展计划(“863”)项目资助(编号:2006AA03A110),开始开展深紫外 LED GaN 基半导体设计与关键外延技术研究。最初,我们通过改变温度、压强等生长条件,以求改变生长的模式。而后,又采用 In 源作为表面活性剂,也尝试用脉冲通入气源方法。然而,作为研究生长半导体单晶出身的学者,应该从学术的角度告诉人们晶体生长动力学原理、过程及有效的方法。为此,我们从晶体动力学出发,采用第一性原理模拟计算了不同原子、分子、团簇等反应单体在 AlN 晶体表面的形成能,硕士生庄芹芹着重开展了 In 在极性半导体 AlN 生长过程中的表面活性剂效应的研究工作;本科生黄呈橙和马俊先后考察了 AlN 分子的蒙特卡罗生长动力学过程,尤其是马俊毕业工作后更是常常回母校持续开展研究,且最后在 J. Phys. Chem. A 发表学术论文。生长出高质量 AlN 薄膜时,厦大的阴极荧光设备尚未建成,我带着样品到日本国家材料科学研究所(National Institute for Materials Science,NIMS),找到我年轻时一起在日本东北大金研共事过的关口隆史研究员,合作进行阴极荧光测试。恰好设备改造商 Horiba 公司有一工程师在场,见我的 AlN 样品室温下就可在近 200 nm 波长处观察到显著发光后,异常激动地告诉我,他从日本多家 AlN 研发机构要来的样品均未能在常温下测到 AlN 带边发光,恳求我留一小块样品供他设备校正。正因为对我们生长的 AlN 晶体质量有充足的信心,中科院半导体所王占国院士访问厦大谈及其所搭建的国内首台深紫外光致发光系统缺乏能观察到带边发光的 AlN 样品时,我们也毫无保留地提供 AlN 样品。经测试,样品获得很强的带边光致发光,进一步证实了我们生长的 AlN 晶体质量很高。

众所周知,量子结构的构建必须立足于量子阱、量子线以及量子点的生长。科学家们喜欢在超高真空环境下采用分子束外延方法来构建理想的结构,这样可以较轻松实现单一原子或分子层的生长。但是,该生长方法难以用于量产。而用适合量产的 MOVPE 技术又因生长氛围和过程十分复杂,在构建量子结构时将同时产生原子、分子、团簇等不同的反应单体,这些单体将伴随生长氛围的变化在晶体表面吸附或脱附,难以形成单一分子层的异质界面,所以,科学家们的产业梦也受到一定的限制。针对 MOVPE 构建高精度量子结构的难题,我们开展了系列生长和实验表征,初步掌握生长规律,尤其是外延生长特有的非平衡条件下的生长规律。依此,我们将其应用于二维量子结构构建,透射电镜观测表明,GaN/AlN 单分子层异质界面清晰陡峭,为高精度的量子结构制备及其性能的调控奠定了坚实的基础。

二、驾电驭光 直入天际

不同于传统的 III-V 族化合物半导体,AlN 基氮化物具有极强的自发极化场和压电极化场,对量子阱、超晶格等功能结构中的电场和载流子分布影响巨大,导致了 LED 发光波长随注入电流的变化而变化。并且,AlN 基氮化物光学各向异性十分显著,尤其是 Al 组分克分子比例高于 0.5 的 AlGaN,特异的价带顶能带结构使量子能级间辐射跃迁为非寻常光,绝大部分无法从外延层正面出射。为全面掌握 AlN 基氮化物的奇异特性,我安排了当时就读的研究生蔡端俊、李金钑等参与了此项目。其中,蔡端俊的研究重点为应力效应,李金钑则攻关极化场调控。

记得在蔡端俊开始研究时,我们连计算机工作站都没有,用普通的个人计算机做第一性原理模拟耗时长,我们就采用手动逐点设置的办法,直至计算结果接近收敛时,才启动自动计算,从而节省大量时间。通过对 AlGaN/GaN 异质界面失配应力及其结构相变模拟,结合实验表征,我们发现了薄膜相变的临界厚度及其随 Al 组分变化的规律,并从深层次分析了其电子结构起因及其极化场效应。同期,蔡端俊还与徐富春共同探索,突破传统俄歇能谱测量的范围,开发了纳米级高分辨应力和局域电场测量新技术,从而打开了认识 AlGaN 量子结构材料的新视角,为构建光电新材料和器件提供了新思路和方案。蔡端俊的博士论文也因此获得福建省优秀博士学位论文一等奖,并在竞争激烈的全国百篇优秀博士学位论文评审中出线,进入物理学科的前十位而荣获提名奖,也重新确立了厦大半导体学科在国内物理学界的地位,有力地驳斥了部分"唱衰"厦大半导体学科的论调。

李金钑则着重于从极化场的理论设计和 MOVPE 外延生长两方面开展系

统的研究。她从本科四年级就介入相关的研究,硕士第一学期就获得了 Mg 和 Si 选择位置共掺可以改变极化场的结果。我们利用寒假,起草和修改相关的论文,并顺利在 Phys. Rev. B 上发表。在此激励下,我们又首次提出并构建了 Mg- 和 Si-δ 共掺 AlGaN/GaN 超晶格结构,在 AlGaN/GaN 超晶格的界面处分别插入 Mg 和 Si 的 δ 掺杂层,改变了超晶格中的内建电场和能带弯曲,并采用 MOVPE 技术外延生长了 Mg-和 Si-δ 共掺 P 型 AlGaN/GaN 超晶格,有效地减小了 Mg 受主激活能,提高了空穴的浓度。进一步将该超晶格结构应用于深紫外 LED 的 P 型导电层,成功制备了 I-V 特性良好、电致发光较强的深紫外发光二极管,为完成厦大承担的"863"计划项目奠定了坚实的基础。尽管李金钗的博士学位论文是厦大微电子与固体电子学科的第一篇,但仍然荣获福建省优秀博士学位论文一等奖。

基于对 AlGaN/GaN 量子结构的应力、极化以及电子结构的掌握,如何控制这些特性成为突破高 Al 组分 AlGaN 结构材料和器件局限的关键手段。为此,我们进一步投入人力研究应变量子结构,并安排了当时就读的研究生林伟、杨伟煌等参与了相关研究。林伟通过第一性原理计算模拟,预测了超薄应变 GaN/AlN 量子结构 p_x、p_y 以及 p_z 电子态间的轨道杂化特性改变,提出用超薄应变 GaN/AlN 超晶格结构实现带边光学各向同性的光学改性方案。通过 MOVPE 分层生长法,首创制备出了超薄应变 GaN/AlN 超晶格轨道工程材料,为突破高 Al 组分 AlGaN 材料的局限,相关的成果以卷首论文发表于学术刊物 Laser and Photonics Rev. 上。

林伟还尝试采用带隙适合于发射红外光的 InN 半导体,通过设计并制备了应变可调控的 InN/GaN 量子阱结构。我带着样品到日本东北大学做高分辨透射电镜观察,证实了我们已在大晶格失配的 InN/GaN 界面实现了难度极高的共格生长。更为有趣的是,我在日本材料科学研究所用阴极荧光方法,观察到 LED 发射了远大于 InN 带隙 3.18 eV 能量的近紫外光,且波长单色性和稳定性均很好,从而开拓了 III 族氮化物在应变光电器件的新应用。在此结果的激励下,我们又安排了研究生陈珊珊开展 InN/GaN 量子点研究。基于 2006 届硕士郑江海关于"InGaN 中相分离及其抑制的研究",我们尝试采用 MOVPE 技术,在 GaN 上外延厚度大于临界厚度的 InN,以期利用 GaN 上 InN 的大晶格失配,自组织地形成 InN 量子点。同时,扩充计算机集群的计算能力,构建超大原胞,从而实现了对 300 余个原子的 InN/GaN 量子点几何和电子结构的第一性原理模拟计算,相关成果在国际刊物 J. Nanosci. Nanotech. 上发表。

杨伟煌根据有源层价带较平整的第一性原理模拟计算和波长大于 300 nm 寄生紫外光的结果,提出并外延含 n-AlN 空穴阻挡层的新型有源区结构,实现

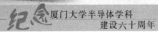
了其对空穴的阻挡作用并抑制了寄生发光。然而,LED 的量子效率仍然很低,和国际上其他研究组相近。为此,我们尝试引入零维的量子点结构作为有源层,以期提高有源层带边的态密度;同时,利用量子点中强载流子三维限制效应和弱极化效应,以期提高势阱中激子的复合跃迁概率。这就要求在高 Al 组分 AlGaN 二维生长的基础上,实现三维的生长,并控制自如地切换生长模式。我们利用 GaN 与 AlN 材料间的大晶格失配,在 AlN 上自组织地生长了 GaN 量子点。通过 AFM 和 SEM 测试观察了其六棱台状形貌,统计了其密度和尺度分布。当时李金钗正在台湾新竹交通大学做博士后,借参加台湾举办的学术会议之机,我们请她合作测量样品的变温稳态和瞬态光致发光谱。最后,将 GaN/AlN 量子点制备成紫外 LED,成功实现了 LED 电致发光,将量子点 LED 波长缩短至 308 nm,获得了内量子效率高达 62% 的好结果,相关的结果也发表在 Sci. Rep. 上。

紫外 LED 内量子效率提高了,P 型和 N 型材料中载流子浓度也改善了,载流子的注入和光子的出射成为制约外量子效率提高的重要因素。针对高 Al 组分 AlGaN 欧姆接触制备难的问题,我们安排了硕士研究生张彬彬开展高 Al 组分 P 型和 N 型 AlGaN 欧姆接触研究。基于 MOVPE 分层生长的 AlGaN 外延片,通过表面清洗、高温热退火、AES 深度剖析等,获得高 Al 组分 AlGaN/TiAl 金属界面结构的试验数据,构建了富 Al 终端面和富 N 终端面。采用第一性原理计算方法,计算分析了电子态密度、接触势垒等,揭示了富 Al 终端面比富 N 终端面更容易形成欧姆接触的规律及欧姆接触的机制。通过工艺条件的优化,获得了高质量的欧姆接触,制备了一系列波长低于 330 nm 的紫外 LED 功能结构。

在与杨伟煌一起测试深紫外 LED 电致发光谱的过程中,我偶然注意到,发光强度在金属探针刚接近器件半导体表面的瞬间最大。经反复试验,确认了该现象。当时,正值我们组根据腔量子电动力学理论、研究 Zn/Zn_2SiO_4 纳米同轴线表面等离子激元与半导体中激子强耦合增强纳米同轴线发光的收获季节,硕士生庄庆瑞采用组里已开展多年的时域有限差分(finite difference time domain,FDTD)方法对微腔结构中各种光学谐振模式进行分析,厘清了纳米同轴线阴极荧光光谱上紫外发光峰 Rabi 分裂的物理起源,揭示了 Zn 金属壳表面等离子激元辅助形成的纳米腔中的发光增益。借助这股东风,我们安排硕士生张会均和博士生高娜继续采用 FDTD 模拟 LED 金属表面等离子激元的效应。高娜尝试采用不同尺度的金属电极,模拟不同电极尺度对紫外光乃至多量子阱的影响,以期揭示新的紫外光增强机制。

三、天人合一 得心应手

2010 年 1 月,我应第十一届全国 MOCVD 学术会议组委会邀请,前往苏州作题为"高 Al 组分 AlGaN 的 P 型结构设计与制备"的特邀报告。会后,与北京大学的沈波教授一同前往建成不久的中科院苏州纳米所参观。在苏苑饭店到纳米所的路上,我们谈起了该届全国 MOCVD 学术会议的空前盛况及与半导体照明产业规模的紧密联系,以及 2010 年国家重点基础研究发展计划确立南京大学等单位提出的"半导体固态照明用的超高效率氮化物 LED 芯片基础研究"为重要支持方向。记得沈波问我:"老康,你觉得氮化物在固态照明的应用立项后,氮化物还有可能再列入'973'指南吗?"我想:确实固态照明用氮化物以 GaN 为主,并涉及低组分的 AlGaN 和 InGaN。一旦这部分半导体排除在外,剩下的就是高组分 AlGaN 和 InGaN,这些晶体特别难长,因此固态照明以外的应用步伐一直受到制约。这不正好是学者的研究目标吗? 于是,我把我们近年来开展高 Al 组分 AlGaN 深紫外光源、高 In 组分 InGaN 量子结构的研发情况做了简单的介绍。一会儿,我们就抵达纳米所了。

会后,我与沈波教授通过电话商讨、邮件交流,逐步明确了以高 Al 组分 AlGaN 和高 In 组分 InGaN 为研究对象。同时,把晶体外延难题凝练为非平衡条件下外延生长动力学与缺陷控制科学问题,把高 Al 组分 AlGaN 的强极化和高 In 组分 InGaN 的相分离难题凝练为应力和极化调控科学问题,把材料的功能应用提升为量子结构中电子、光子运动规律和性能调控的科学问题,把器件研发归结为杂质行为调控和 P 型掺杂科学问题。

鉴于我曾经主持过国家"863"计划的 AlGaN 基深紫外 LED 项目,厦门大学作为课题的负责单位与北京大学联合承担第一课题"AlGaN 基 UV 发光材料及其器件应用"。经多轮国内同行专家的论证,确认了"全组分可调Ⅲ族氮化物半导体光电功能材料及其器件应用"主题,并于 2011 年编入国家"973"计划项目指南。为了在申报竞争中胜出,我们确定将当时国际上还远未达到的 40% 深紫外发光内量子效率、$10^{17}\,cm^{-3}$ 空穴浓度作为高 Al 组分 AlGaN 材料的验收指标,把可实用化的强于 10 mW 的发光功率作为深紫外器件验收标准。经多次精心准备,到北大集中讨论、修改,我们提交了精炼的申请书,并在第一轮函评中获得好评。为确保立项的顺利,我作为项目第一课题的负责人义不容辞地参加了项目答辩的准备、在北大的演练以及在北京的答辩。功夫不负有心人,我们的申请终于获得国家的立项,原有的学术探索和思路终于成为引领我国半导体研究和产业发展的课题。

在国家"973"计划项目(编号:2012CB619301)的支持下,基于原有的研究基

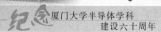
础,我们全面研究了影响 AlGaN 基 UV 发光效率的材料和器件结构、物理机制以及电子和光子等之间的相互作用。我们安排研究生李孔翌和陈荔用组里自行设计的超高真空原位纳米结构综合测试系统研究课题最重要的基础材料 AlN 和高 Al 组分 AlGaN 外延薄膜的阴极射线发光。发光的研究最难的在于光谱的辨认,把握不好将一事无成。凭借着 20 年来的分析基础和经验,我与李孔翌一起仔细分析变温光谱,比对与光致发光的异同以及光子和电子相互作用模拟结果,终于获得激子-光子耦合的实验证据。该结果是在不使用光学谐振腔的情况下,首次在 AlN 宽带隙半导体中观测到了由深紫外光子与激子相互转换引起的激子极化激元光发射,刷新了激子极化激元光发射最短波长的纪录。也就是说,该材料产生的深紫外光即使没有从介质中射出,仍可凭借光子和激子间的自发循环转化而持续存在。传统的激光器需要通过高载流子注入来实现粒子数反转,通过谐振腔来减少光的损耗。而我们的成果则在没有粒子数反转的情况下,就能利用激子极化激元的玻色-爱因斯坦凝聚实现极低阈值深紫外光激射,为未来高端深紫外激光的开发奠定了材料基础。

对于"973"计划项目中拟解决的最关键科学问题——非平衡条件下全组分可调氮化物半导体的外延生长动力学与缺陷控制,我们原来就已开展过前期研究,并掌握了 MOVPE 外延技术。原计划安排李金钗进一步总结,后因李金钗博士后工作繁忙腾不出手而未落实,改由已硕士毕业正在工作的庄芹芹继续探讨。在林伟博士的帮助下,我们采用第一性原理模拟计算了原子、分子、团簇等不同反应单体的形成能,考察了其化学势随生长氛围的变化,首次阐明了瞬间改变生长氛围使不同单体可吸附或脱附晶体表面的作用机制,揭示了非平衡条件下高 Al 组分 AlGaN 半导体 MOVPE 生长动力学规律,进而提出了 MOVPE 分层生长法,通过依次瞬间改变生长氛围,调控晶体生长表面的化学势场,实现对原子和团簇等生长单体的分选,达到吸附单体的一致和原子级表面平整度。采用该方法所生长的 Al 组分 AlGaN 二维量子结构的 X 射线衍射谱显示,单分子层周期结构衍射峰尖锐,厚度与周期宏观可控。该方法的建立使原来脉冲通入气源工艺不再只停留于经验层面,而成为一项有效的科学技术。

高娜着力研究的表面等离子激元对深紫外 LED 出射光子的影响也取得了突破。虽然并未在原先设想的器件 P 型层上小面积电极表面等离子激元与多量子阱中激子相互作用获得进展,但在电极金属的选择上改变了思路。通常的镜子是在透明介质表面镀上金属 Al 膜后而成,光子正面射到镜面时多数被反射回。常规的高 Al 组分 AlGaN 量子阱发射的深紫外光子以侧向传播为主,原来就难以从器件正面出射。在侧向传播的深紫外光横磁模(TM)作用下,薄到数十个原子层厚的 Al 原子层表面将感生等离子激元,吸收光能。而后表面等离子激元在超薄 Al 膜外表面的原子台阶处将再转化成各向传播的紫外光,从而实现深紫外光的方向转换。试验表明,这层 Al 制"超薄外衣"对紫外光方向转换效率的"贡献度"将随波长的缩短而增大。对波长约 280 nm 的深紫外光来说,光传播方向转换就能增加 130% 的正面光出射,这一重大突破发表在自然杂志出版社旗下的刊物 Sci. Rep. 上,并引起学术界和社会媒体的广泛关注。2013年,国际紫外等离子激元与纳米光子学研讨会(the UV plasmonics and nano-photonics workshop,UPN2013)主席 Satoshi Kawata 教授特邀我在会上做相关研究成果报告(UV light modification in optoelectronic devices of wide-band gap semiconductor with surface plasmon coupling),并提供全程旅费。大会主席在综述性报告中评价我们的工作开创了紫外等离子激元在紫外固态光源应用的先河。

黄凯副教授带领博士生高娜、硕士生陈雪和王纯子马不停蹄地开展金属 Al 纳米点阵列表面等离子激元转换高 Al 组分 AlGaN 量子阱发射的深紫外光子方向的研究。实验上高娜和陈雪采用倾斜沉积法制备 Al 纳米点阵列;理论上王纯子基于本科毕业时学习的 FDTD 计算技术,建模模拟。理论模拟表明,不但侧向传播的紫外光 TM 模,而且横电模(transverse electric mode,TE-m)也可在高 Al 组分 AlGaN 表面小至 11 nm 金属 Al 纳米点上感生局域等离子激元。背面出射实验显示,在小面积金属 Al 纳米点诱导下,深紫外 LED 主波长的电致发光可提升为原来的 275%。该成果同样发表在 Sci. Rep. 上。同时,李静副教授也指导与华中科技大学联合培养的博士生尹君,采用聚苯乙烯纳米球做模板,制备排布较为规则的 Al 纳米点阵列,增进了 AlGaN 量子阱中激子的发光。两方面的研究结果均验证了之前探针等小面积金属电极诱导局域表面等离子激元是增强深紫外固态光源光出射的主因。依此,我们安排高娜设计了小面积金属接触,研究生杨旭在器件正面设计并制备了分布式布拉格反射结构,将引导光从背面出射,形成了中国发明专利"分布式布拉格反射与小面积金属接触复合三维电极"(ZL 2012 1 0319019.3)。该专利已转让给从事半导体固态光源生产的著名企业乾照光电股份有限公司。

无论是在"973"计划项目,还是在与中科院半导体所等联合承担的"863"计划项目中,高 Al 组分 AlGaN 材料中空穴浓度一直都是关键科学难题。由于我们前期提出的 Mg- 和 Si-δ 共掺 AlGaN/GaN 超晶格结构可有效地提高空穴的浓度,在这些研究项目中提高高 Al 组分 AlGaN 材料的空穴浓度至 10^{17} cm^{-3} 成为我们义不容辞的工作。为此,我们首先着手解决 Mg 杂质在高 Al 组分 AlGaN 中溶解度低的问题。第一性原理模拟计算表明,Mg 在 AlGaN 中的形成能为正值,也就是说 Mg 在 AlGaN 中待不住,尤其在 1000 ℃ 生长温度下。然而,Mg 在

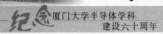
AlGaN 表面的形成能却为负值，即 Mg 渗到表面后就稳定了，尤其在富 N 情况下。于是，我们提出了将表面的 Mg 杂质埋入体内的表面杂质工程技术，只要控制埋的速度，利用扩散渗出就可使 Mg 杂质在 AlGaN 中均匀分布，博士生郑同场接手了该项工作。通过首创采用关闭金属源的极限富 N 技术，经实验优化，使 Mg 在 AlGaN 中溶解度大幅度提高到 $5×10^{19}\,cm^{-3}$。为了确认掺入的 Mg 杂质并非与 N 形成不利于激活提供空穴的 Mg_3N_2，我和林伟特地前往澳大利亚西悉尼大学，请朋友刘容帮忙，用二次离子质谱(secondary ion mass spectroscopy, SIMS)详细测量了通常多数人不曾考察的 Mg 与 N、H 等的复合体浓度，通过数值及其分布分析，确认掺入的 Mg 杂质绝大多数替代 Al 和 Ga 原子位，为易激活的有效掺杂。该成果发表于 Nanoscale Res. Lett. 后，受到同行的广泛关注，立即成为此刊物的高下载率论文。虽然采用 Mg-和 Si-δ 共掺 AlGaN 超晶格结构可有效地提高空穴的浓度，但是超晶格的周期性价带顶起伏仍将高浓度的空穴限制于阱区内，导致注入量子阱有源层的空穴较少。针对这一问题，我们设计 Mg 掺杂的多维超晶格结构，相比于传统的超晶格，降低的电阻率多达 40 余倍，达 $0.7\,Ω·cm$，空穴浓度高达 $3.5×10^{18}\,cm^{-3}$，大幅度超越项目的验收指标，且在低温下依然保持良好的电导。该研究结果发表于 Sci. Rep. 上，为国际上公开报道的最好指标之一。

在掌握了高 Al 组分 AlGaN 量子结构材料调控方法后，制备出实用化的深紫外器件成为"973"计划项目课题的最后一项工作。一方面，我们在项目中期检查后增加了与企业的合作，邀请了青岛杰生公司参加本课题，加快产业化进程；另一方面，恰逢三安光电股份有限公司在我们长期倡导下完成了高温 MOVPE 设备建设，借学生臧雅姝到公司开展博士后工作之机，联合指导深紫外 LED 器件的开发。与此同时，原三安公司技术员钟志白也通过厦门大学博士资格遴选，一起参与了深紫外 LED 的研发。功夫不负有心人，课题参与单位青岛杰生公司开发出了实用化的深紫外 LED，单芯片深紫外发光功率强于 10 mW，达到国际上报道的最高值。与该产品发光功率对比，在相同测量条件下，课题组的博士生钟志白和博士后臧雅姝研发出的深紫外 LED 发光功率则更胜一筹。该研究课题的系列突破得到国内同行专家一致肯定，在"973"计划项目结题时，"高 Al 组分 AlGaN 及其量子结构的外延生长及深紫外 LED 研制"被推荐为重大研究成果。

2015 年底，我们所承担的"973"和"863"计划项目都接近收尾，国家也启动了"十三五"规划。记得有一天上午，北京大学沈波课题组的王新强教授给我打了个电话，商量在新的国家研究规划中立项的事宜。我驻足厦大本部的芙蓉湖边榕树林间，与他长谈了近一小时。我把近期主要开展宽禁带半导体量子结构设计与制备以及量子现象的研究一一做了说明，并请他转告沈波教授我因故未能参加在北大召开的立项研讨会。经与沈波教授多次酝酿后，确认新的项目由年轻科学家领衔，形成国家重点研发计划应用基础项目"大失配、强极化第三代半导体材料体系外延生长动力学和载流子调控规律（项目编号：2016YFB0400100）"和应用项目"第三代半导体固态紫外光源材料及器件关键技术（项目编号：2016YFB0400800）"。前者由北大王新强领衔，着重研究非平衡条件下氮化物量子结构的外延生长动力学、强极化氮化物复合量子结构中载流子和光子行为、强电注入条件下发光器件退化机理等科学问题，我们参与的课题由中国科学院长春光学精密机械与物理研究所的黎大兵研究员负责；后者由中科院半导体所王军喜研究员领衔，我们指派蔡端俊教授负责厦门大学有关固态紫外光源量子应变体系结构设计与机理的研究；我则以项目的咨询专家参与此两个项目。这样的布局，为本研究领域新老交替起到了示范的作用。

虽然不再负责国家重大研究任务，但本人并未停止前行的脚步。博士生陈荔使用超高真空原位纳米结构综合测试系统，从剖面逐层用探针和电子束测试分析深紫外 LED 的光谱；同时，博士生郑锦坚也采用组内开发的变角度变温探针台，观测了深紫外 LED 电致发光光谱的空间分布规律及其注入电流依赖关系。在与郑锦坚、林伟共同探讨发光光谱变化规律的物理起源时，有些新奇的实验现象令人百思不解。于是，我们从第一性原理模拟了高 Al 组分 AlGaN 量子阱的量子能级及其跃迁，发现空穴阱中能量最低的量子能级不再具水平特性，相当于井里的水一边高一边低，这种情况意味着阱中空穴是流动的。奇怪的是，同一空穴阱中的其他较高能量的量子能级却都还保持水平，也就是说，能量最低的空穴量子能级流动并非因阱壁不够高，否则较高能量的空穴量子能级就不会水平。为了厘清这一奇特现象，我们反复查看了陈荔和郑锦坚的实验结果，详细比对了实验特征，揭示了高 Al 组分 AlGaN 量子阱中反常的空穴量子能级起因于势垒区 N 原子 p_z 轨道沿 c 轴方向紧密相依的物理机制及其对深紫外 LED 发光的危害，并提出了采用原子轨道工程解决的措施，从而为突破高 Al 组分 AlGaN 深紫外 LED 量子阱内低量子效率提供了科学思路。

四、立足现在　放眼未来

紫外乃至深紫外固态光源技术接近成熟时，人们自然产生了驾驭紫外光子作为信息载体的梦想。除了已经较为熟悉的电子转换成紫外光子和紫外光子转换成表面等离子激元等量子调控外，掌控紫外光子行为及其与电子的转换过程成为必不可少的工作。从传统观点看，紫外光子在介质中的传播行为及其转换成电子的过程主要由复数折射率（折射率和消光系数）所决定。折射率的调控通常通过外加电场来实现。在 ZnO 和Ⅲ族氮化物中，极化场很强，通过改变极化

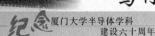
场就可调控紫外光子的传播方向。王启明院士在厦大半导体光子学研究中心筹建时就规划采用 ZnO 的强极性来实现强电光效应，并在中心建成后，派其在半导体所的博士研究生陈平来厦大开展相关的研究。陈平负责极化场调控结构设计，陈航洋、刘达艺、李书平等老师和我负责生长。经数月的奋斗，终于生长出一批 AlGaN/GaN 超晶格结构材料。测量显示，通过超晶格结构的极化场调控，AlGaN 的电光系数有显著的提高。陈平也先后在著名学术期刊 Appl. Phys. Lett. 上发表两篇论文。在研究成果的鼓舞下，时任副教授的李书平带领硕士生姜伟继续开展 AlGaN 非线性电光特性的研究。尽管伴随着结构材料质量的提高，电光系数不断改善，赶上非线性电光晶体仍然有一定的差距。姜伟在转入攻读博士学位后继续坚持研究，除了利用超晶格结构调控极化场外，还引入外电场，最后在超晶格结构两侧增加 AlN 光学限制层，延长光与超晶格势阱中激子的相互作用时间，达到共振增大电光系数的目的，终于在紫外区域超越了非线性电光晶体的电光系数，相关成果发表于 ACS Appl. Mater. Interfaces 上。紧接着硕士生吴小璇通过将超晶格垒层 Al 的克分子比例提高至 0.635，在多场的共同调制下，AlGaN 材料的非线性电光效应在深紫外区域有了显著增强，为 AlGaN 半导体在紫外电光开关、电光调制及其他无源器件上的应用奠定了基础，为未来紫外光电集成提供了新的技术方案。

紫外信息的获取依赖于紫外光电探测器。传统采用带通滤波分光的方法，集成的复杂度很高。为摒弃滤波片，我们确认了采用带间量子能级跃迁吸收不同波长紫外光的思路。就在大家致力于如何用量子结构很有限的吸光量来实现光电探测时，我们偶然发现 AlGaN 数字混晶的光电响应新特性。一开始，鉴于高 Al 组分 AlGaN 外延的困难，我们和国际同仁同步生长 AlGaN 数字混晶，以避免相分离的发生。陈航洋、李书平等老师费了一段时间进行尝试。就在我们课题组攻克并掌握 GaN 单原子层 MOVPE 制备技术并完成各种组分 AlGaN 数字混晶的表征后发现，各项重要指标与日本科学家们刚发表的结果一致。为了不让研发的心血付诸东流，我们安排高娜、陈雪等研究生拓展测试手段，开发新应用。高娜发现该类材料发光呈现唯一的谱峰，Raman 散射也新增未定的谱峰。于是，黄凯老师领着陈雪和高娜用该材料开发紫外光电探测器，发现其光电响应呈现为窄带谱，这一特性与传统的 AlGaN 紫外光电探测器的波长截止后全部响应的特征大相径庭。就在高娜百思不解而找我寻求答案时，我眼睛一亮，这不就是 AlGaN 数字混晶的量子特征吗？我立马叫高娜喊来林伟，立刻调出已模拟计算的 AlGaN 超晶格介电函数的色散关系。虽然可以确认该光谱响应特征为带间量子能级跃迁所致，但如何将模拟计算出的不同光入射方向 k 空间区域介电函数数据分解以直接印证实验结果，仍然需要更深入了解所采用的第一性原理计算软件包。经林伟数周的努力，终于把沿 c 轴方向入射的介电函数算出，有力地支撑了 AlN/GaN 超晶格 AlGaN 数字混晶带间量子能级跃迁吸收的实验结果。高娜进一步将不同 Al 组分的数字混晶制备成深紫外探测波长从 230～266 nm 可调的窄带的 MSM 光电探测器，半高宽最窄可至 210 meV。在 40 V 偏压下，响应波长为 240 nm 的探测器响应度为 51 mA/W，外量子效率可达 26％。研究成果很快发表于 Nanoscale。

　　紫外光相较于可见光和红外光，频率高，信息传输速度快，能够满足大数据时代高速和大容量信息传输与存储需求。虽然人眼可感知的光子波长范围仅为 400～700 nm 的可见光，光通信也仍然采用红外光，但我们对隐秘紫外光固态光源、光开关、光电探测器等的开发，不但为未来紫外光子学发展打下牢固的基础，而且给人们打开了一扇便捷观察五彩缤纷紫外世界的窗口。

原子层面的精工细活

——记高 Al 组分 AlGaN 结构材料外延

李金钗　陈航洋　李书平　林伟　杨伟煌

郑同场　高娜　刘达艺　蔡端俊

　　纵观历史,材料科技发展对人类社会进步起到了关键性的推动作用,材料的每一次演进创新,都带来社会生活的巨大变革。例如,人类社会经历了石器时代、青铜器时代和铁器时代 3 个阶段之后,相继由游牧、农耕社会向工业社会发展。如今半导体材料迅速取代传统材料成为推动信息技术、产业乃至信息社会发展的充沛原动力。20 世纪 70 年代以来,以第一代半导体材料 Si 为基础的半导体和微电子工业一直遵循着神奇的"摩尔定律"向前发展。然而由于量子效应、磁场及其热效应等影响,第一代半导体材料正逐步走向"摩尔定律"的极限。同时,人类社会需求正不断地向节能环保、自动控制、医疗卫生、军事监测、光电对抗等诸多领域扩散和渗透,对材料提出了更高的要求。于是,以 SiC、Ⅲ族氮化物以及金刚石为代表的第三代半导体材料凭借其禁带宽度大、热导率高、击穿电压高、介电常数小、抗辐射能力强等独特的性质,成为新材料的热点,在显示、照明、光存储、光探测、电力电子器件等领域展现出巨大的潜力。其中,Ⅲ族氮化物由 InN、GaN、AlN 及其三元、四元混晶组成,其禁带宽度从 InN 的 0.7eV 到 AlN 的 6.2 eV 连续可调,覆盖了从红外到紫外的波长范围,具有其他任何半导体材料都无法比拟的优势。

　　Ⅲ族氮化物材料的研究始于 20 世纪 60 年代末,但曾因外延技术落后导致材料晶体质量差、P 型掺杂无法实现等问题而沉寂了近 20 年。直至 80 年代中后期,日本科学家 Akasaki、Amano 和美籍日裔科学家 Nakamura 在 GaN 基材料外延生长及其 P 型掺杂技术方面取得了突破性进展,才使其进入了蓬勃飞速的发展时期,继而引发了照明技术革新。3 位科学家亦因在此领域的突出贡献获得了 2014 年诺贝尔物理学奖。如今,GaN 基半导体已在光显示、半导体照明等领域大放异彩,并且走入千家万户,成为人们日常生活的一部分。尽管如此,人们对Ⅲ族氮化物材料的掌握和运用仅为冰山一角,更广泛的应用领域亟待人们的开发。为此,科学工作者们将研究重心转向了光谱响应波长更短或更长的氮化物材料——高 Al 组分 AlGaN 或高 In 组分 InGaN 材料，以开拓其应用新领域。

　　作为在深紫外光谱区域仍然具备半导体特性的少数几种材料，高 Al 组分 AlGaN 表现出许多独特的性质。AlGaN 半导体做成的深紫外光源，与传统的汞灯源相比，具有无汞污染、集成性好、能耗低、寿命长等诸多优势；制成的深紫外光电探测器，具有波长可调、灵敏度高、体积小、结构简单、耐高温、抗辐照等优点，成为制备深紫外发光和探测器件不可替代的半导体材料体系。正因为如此，厦门大学物理系宽禁带半导体研究组在 2005 年初实验室新建设的 Thomas swan 3×2″MOCVD 验收通过后，一方面争分夺秒地追赶高效蓝光 LED 的外延和制备技术；另一方面瞄准高 Al 组分 AlGaN 材料应用前景，将研究重心不断往深紫外波段推进。经过十数年的努力，研究组已在高 Al 组分 AlGaN 材料及其器件应用的研发领域中崭露头角，并与中科院半导体所、北京大学、南京大学等半导体领域科研优势单位共同承担了多项国家重点研发计划、"863"和"973"计划项目。而这些年，我们有幸亲历了课题组在紫外/深紫外波段 AlGaN 材料外延及其器件应用方面的开拓与攻关的过程，更加深刻地体会了课题组师生们所付出的艰辛与努力。

　　低温成核，高温再结晶，控制 V/Ⅲ 比使其由三维转向二维生长，这是诺奖获得者 Akasaki 及其团队提出且被广泛应用的 GaN 基材料外延生长技术。然而，当我们尝试采用这一技术外延生长高 Al 组分 AlGaN 材料时，遇到了诸多问题，外延薄膜表面粗糙甚至开裂，生长室出现大量灰白颗粒。这意味着，我们必须从材料的外延生长动力学出发，重新探索 AlGaN 基材料的外延生长技术。马俊在康俊勇教授的指导下，通过第一性原理和 Monte Carlo 动力学模拟计算，指出对于非掺杂的 Al 极性 AlN 生长，分子扩散速率随温度升高而增大，当温度低于 1773 K 时，AlN 晶核成核速率随温度升高而降低，起主要作用的是界面限制的奥斯特瓦尔德成熟机制，即首先形成一定尺寸的晶核，然后分子依附于晶核生长。这个阶段不会再形成新的晶核，只是晶核越长越大形成簇，最后各个簇长大合并形成薄膜，然而由于其不规则碎片形式生长，导致薄膜表面不平整。结合 AlN 相图数据得出，只有当温度高于 1800 K 时，才能生长出原子尺度界面的 Al 极性面 AlN [1]。然而，这种高温 MOCVD 系统研制比较困难，需要有专门设计的高温加热和反应室系统。同时，也带来了不利的影响，如高温生长导致异质界面陡峭度的下降。为此，庄晴晴从晶体生长热力学出发，采用第一性原理模拟了原子、分子、团簇等不同反应单体在晶体生长表面的化学势，揭示了不同反应单体随生长氛围变化的规律，首次阐明了瞬间改变生长氛围的作用和机制 [2]。如图 1(a)和(b)所示，在 AlN 外延生长过程中，Al 和 N 原子分别在富 N 及富 Al 生长条件下有着较高的迁移率，而 Al-N 分子和 1Al-3N 团簇的表面形成能则相

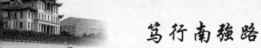

对较低,表明 Al-N 分子特别是 1Al-3N 团簇更容易吸附在表面上。基于原子或分子等反应单体总是从高化学势位置自然地向低的位置移动的原则,我们提出 MOVPE 分层生长法[图 1(c)],即依次瞬间改变生长氛围,调控晶体生长表面的化学势场,实现对生长单体的分选,达到吸附单体的一致和原子级表面平整度。高娜将该方法应用于二维量子结构构建,率先实现了单分子层量子阱的外延。如图 1(e)和(f)所示,X 射线衍射谱呈现多级卫星峰,高分辨 TEM 截面图中阱、垒清晰可辨,表面量子阱结构界面平整陡峭;衍射斑点规则排列,单列上的衍射斑点未发生任何倾斜或偏移,表明所对应实空间的阱、垒层的外延生长取向完全一致。由此说明分层生长法可实现薄至单个分子层的外延控制。进一步地,李孔翌在提高 AlN 薄膜晶体质量的基础上,在不使用光学谐振腔的情况下,首次在 AlN 宽带隙半导体中观测到了由深紫外光子与激子相互转换引起的激子极化激元光发射[3],刷新了激子极化激元光发射最短波长的纪录。也就是说,该材料产生的深紫外光即使没有从介质中射出,仍可凭借光子和激子间自发循环转化,持续存在。在没有粒子数反转的情况下,就能利用激子极化激元的玻色—爱因斯坦凝聚。而传统的激光器则需要通过高载流子注入来实现粒子数反转,通过谐振腔来减少光的损耗。该成果的获得,有助于很低阈值深紫外光激射的实现,为未来高端深紫外激光的开发奠定了材料基础。

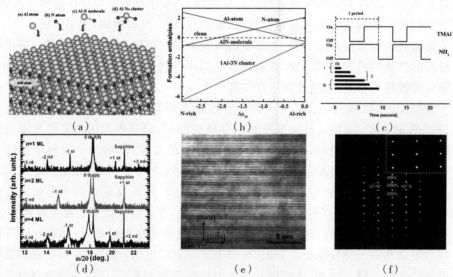

(a)和(b)为原子、分子、团簇等不同反应单体在晶体生长表面的化学势;(c)MOVPE 分层生长法生长过程示意图;(d)为(e)为单分子层量子阱结构(0002)面ω-2θ扫描衍射谱、高分辨 TEM 截面图和选区衍射

图 1　单分子层量子结构材料

　　不同于传统的Ⅲ-Ⅴ族化合物半导体,氮化物稳定的纤锌矿结构具有极强的自发极化和压电极化场。该天然的属性使得其能带沿着极化的方向弯曲,从而改变了传统量子结构的能带,如量子阱区或垒区的能带不再平直。倾斜的量子结构能带使得阱中的电子和空穴分别向相反的两侧聚集,电子和空穴的波函数在空间上发生了分离,其辐射复合发光概率下降。针对这一问题,倪建超基于第一性原理计算方法,提出量子阱中掺杂Si原子是克服量子阱内电子空穴空间分离效应的一种有效途径[4]。杨伟煌则攻克应力调控的难关,成功制备了高密度六棱台状GaN/AlN量子点,突破了高Al组分AlGaN材料中强极化场的制约[5]。图2(a)为采用MOVPE技术自组织生长的六棱台状多层GaN/AlN量子点结构,其横向尺寸集中分布在10~35 nm范围内,密度约为2.5×10⁹cm⁻²。通过单色阴极荧光强度二维分布图像分析,可发现GaN/AlN量子点结构可发出波长短至306 nm的紫外光。PL谱分析表明,随着激光功率的增加,不仅其发光峰半高宽维持在11.8 nm(153 meV)左右,发光波长也基本不变,显示出了独特、良好的稳定性。进一步的变温PL和TRPL研究显示,在15~300 K范围内,辐射复合都占主导,而非辐射复合被很好地抑制[如图2(b)所示],使GaN/AlN量子点的内量子效率高达62%。

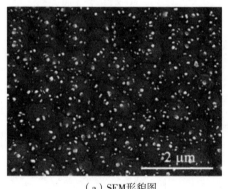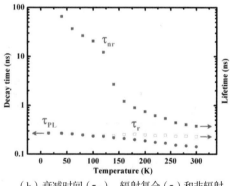

（a）SEM形貌图　　　　（b）衰减时间（τ_{PL}）、辐射复合（τ_r）和非辐射复合（τ_{nr}）寿命随温度的变化曲线[5]

图2　GaN/AlN量子点结构材料

　　随着半导体外延技术的提高,生长出来的高Al组分AlGaN的晶体质量得到很大的改善,其背景电子浓度也越来越低。然而,不论N型还是P型掺杂,随着Al组分的提高,外延层的电导率急剧下降,尤其对于P型AlGaN材料的掺杂更为困难。一方面,随着Al组分升高,作为P型掺杂剂的Mg杂质替代Al或者Ga原子的形成能增加,导致高Al组分AlGaN材料中Mg掺杂浓度很低;另一方面,Mg受主的激活能线性增大,在AlN中Mg受主激活能高达465~758 meV[6-7],激活效率下降。因此,高Al组分AlGaN材料中空穴浓度远低于电子浓度。在这种情况下,即使 N 型导电层能有效地将电子输运到有源层,也难以有足够的空穴与其复合而发光,造成注入量子阱的电子溢出。可见,提高紫外 LED 注入效率关键在于提高空穴浓度,减小电子溢出。为了提高高 Al 组分 AlGaN 材料中 Mg 的掺杂浓度,郑同场采用第一性原理方法模拟研究了 Mg 杂质在不同组分 AlGaN 材料表面和体内的行为,见图 3(a)和(b)。在 AlGaN 材料体内,Mg 杂质的替位形成能为正值,且随 Al 组分的增加而增加,导致高 Al 组分 AlGaN 材料中 Mg 的溶解度很低;而在材料表面,Mg 杂质替位形成能降低,且为负值,说明 Mg 杂质更容易替代材料表面的 Al 和 Ga 原子,形成替位杂质。研究表明,Mg 的替位形成能还与生长条件有关,当生长氛围从富 Ga 转变成富 N,形成能线性增大,有利于 Mg 的掺杂。由此,提出了以周期性延长表面富 N 生长时间为特征的表面工程掺杂新技术[图 3(c)和(d)]。实验结果表明,相比于传统方法,用表面工程技术方法生长的不同 Al 组分 AlGaN 中的 Mg 浓度均提高到 $4 \times 10^{19} \sim 5 \times 10^{19}\,\mathrm{cm}^{-3}$,满足应用需要[8]。

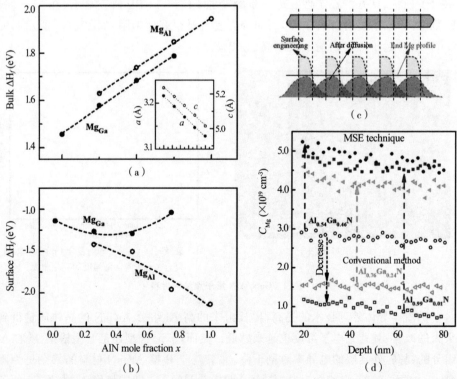

(a) Mg 杂质在不同组分的 AlGaN 材料体内及(b)表面的替代 Al 和 Ga 位形成能;(c)表面工程新型掺杂技术生长示意图;(d)不同 Al 组分的 AlGaN 材料 SIMS 深度剖析图[8]

图 3 表面工程新型掺杂技术

为解决 Mg 受主的激活率低的问题,李金钗提出了 Mg-和 Si-δ 共掺 AlGaN/GaN 超晶格结构,即在 AlGaN/GaN 超晶格的界面处分别插入 Mg 和 Si 的 δ 掺杂层,如图 4(a)和(b)所示,使体系中的空间电荷重新分布,以局域调制材料的极化场,有效减小材料中 Mg 受主的激活能。该方法共掺的 Mg 和 Si 杂质作为一个整体,对导电并无贡献,而是在材料中形成了一个局域的极化场,使价带顶往高能方向移动,随着价带顶的移动,价带中的电子激发到受主能级形成自由的空穴载流子所需要的能量明显降低,从而提高 P 型掺杂效率。进一步采用 MOVPE 生长 Mg-和 Si-δ 共掺 AlGaN/AlGaN 超晶格结构作为深紫外 LED 的 P 型层,测试其电流—电压特性曲线和光致发光谱,如图 4(c)所示,表明该方法能降低深紫外 LED 的开启电压,提高 p 型层的空穴浓度[9]。

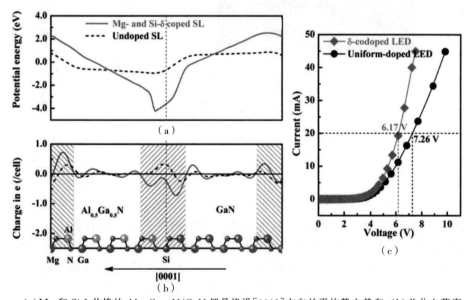

(a)Mg-和 Si-δ 共掺的 $Al_{0.5}Ga_{0.5}N/GaN$ 超晶格沿[0001]方向的平均静电势和;(b)差分电荷密度分布图;(c)采用 Mg-和 Si-δ 共掺超晶格制备的深紫外 LED 的电流-电压特性曲线[9]

图 4 Mg-和 Si-δ 共掺超晶格结构材料

为了进一步提高空穴的纵向迁移率,郑同场、林伟提出利用多维超晶格结构[10]。相比于传统超晶格,多维超晶格中 Mg 和 N 间的 p_z 杂化增强,空穴势垒大幅度降低,有利于空穴在 c 轴方向传输,如图 5 所示。基于理论研究结果,他们采用 MOVPE 技术,并通过生长初期的氮化时间调控外延衬底的形态,外延生长了平均 Al 组分高于 0.55 的超晶格。测试结果显示,多维超晶格的电阻率低至 $0.7\ \Omega \cdot cm$,比传统超晶格的低了数十倍;空穴浓度达到 $3.5 \times 10^{18}\ cm^{-3}$,在低温下依然保持高的空穴浓度和良好的电导。

高 Al 组分 AlGaN 光学各向异性明显,随 Al 组分增大,平行于 c 轴的正面

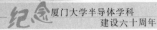

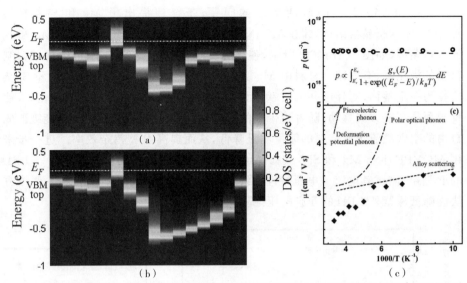

(a)多维和(b)传统 Mg 掺杂 AlN/GaN 超晶格结构阶带边沿[0001]方向的原子层投影电子态密度分布图；(c)多维 $Al_{0.63}Ga_{0.37}N/Al_{0.51}Ga_{0.49}N$ 超晶格样品的空穴浓度和迁移率随温度变化关系[10]

图 5　多维掺杂超晶格结构材料

出光的光发射迅速地被侧面出光的光发射所取代，这就从根本上限制了光提取效率。此光学各向异性的出现，主要归因于 AlGaN 的 Al 组分增加时，晶体场分裂空穴带(cleavage hole,CH)取代了重空穴(heavy hole,HH)和轻空穴(light hole,LH)带成为价带顶，这一转变对应于发射平行于 c 轴的光子的复合跃迁概率的迅速降低。加上平行于 c 轴复合跃迁发射的光子能量比垂直于 c 轴的增大，使得平行于 c 轴的发光被全反射且转而沿着侧向传播，并在侧向传播中被迅速吸收。可见要从根本上提高出光率，除传统器件结构优化外，有源层电子结构的改造是提高出光效率最具挑战的核心问题。为此，林伟首先采用第一性原理方法模拟研究了晶体场、能带以及荧光偏振特性随 Ga-N 和 Al-N 分子结构和组成的变化规律，定量分析了成键轨道成分和电荷密度分布，从微观上了解电子跃迁机制，探明了偏振发光过程的机理，研究了材料结构成分对正面出光和侧面出光限制和传播的影响，进而在 AlN 材料中设计引入了超薄 GaN 原子层，利用 Ga 与 Al 原子电荷分布差异补偿晶体各向异性。一方面，使得正向光发射概率高于侧向；另一方面，正向发射的光子能量也比侧向的低，即使全反射后沿着侧向传播也不易被吸收。但是，引入 GaN 原子层厚度过大，会使发射的光波长增大，从深紫外变成紫外。研究组经技术攻关，实现了逐层原子精细可控地生长，并获得厚度薄至 2 层原子、界面平整的超薄 GaN 层[图 6(a)]。通过改变 GaN 层厚度，调控插入层中压应力，达到完全补偿 AlN 晶体光学各向异性[图 6(b)

和(c)]。在纳米尺度上实现对光各向异性的调控,解决了光学各向异性所带来的不利影响[11]。

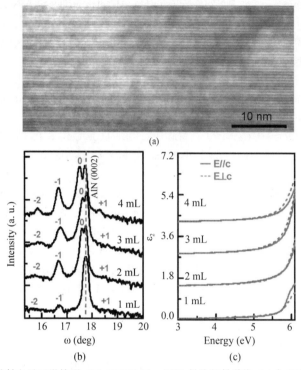

（a）剖面透射电子显微镜图;（b）(0002)面 $\omega/2\theta X$ 射线衍射谱线;（c）介电响应函数 ε_2[11]

图6 增进正面出射光跃迁的超薄应变超晶格轨道工程结构材料

综上所述,突破 AlGaN 基紫外发光器件的高光效瓶颈,不是简单的技术问题,而是涵盖了非平衡生长动力学、量子态调控、杂质行为调控以及晶体场调控等几方面深层次的科学问题,了解和掌握其规律将成为寻找解决关键问题方法的重要途径。基于晶体生长热力学,控制高 Al 组分 AlGaN 外延的生长动力学行为,提高外延薄膜质量;通过量子结构设计,提高量子能级间的载流子跃迁概率,并减小极化场的影响,从而有效提高内量子效率;通过杂质能带工程,局域调制价带和杂质能级,获得优良的 P 型导电材料,提高载流子注入效率;通过调控晶体场分裂,构建具有光学各向同性的结构材料,解决光抽取的问题,进而提高深紫外 LED 的出光效率,将有望全面提升深紫外 LED 发光效率。

随着高 Al 组分Ⅲ族氮化物研究的不断深入,其在深紫外 LED 器件的应用也将不断拓展。我们相信,其必将在环境治理、空气和水净化、国家安全等方面产生可观的经济、社会和生态效益。

参考文献

[1] Ma J., Q.Q. Zhuang, G. Chen, C.C. Huang, S.P. Li, H.Q. Wang, J. Y. Kang. Growth kinetic processes of AlN molecules on the Al-polar surface of AlN[J]. J. Phys. Chem. A, 2010,114 (34):9028.

[2] Q.Q. Zhuang, W. Lin, J. Y. Kang. Effect of In-adlayer on AlN (0001) and (000-1) polar surfaces[J]. J. Phys. Chem. C, 2009, 113: 10185.

[3] K.Y. Li, W.Y. Wang, Z.H. Chen, N. Gao, W.H. Yang, W. Li, H.Y. Chen, S.P. Li, H. Li, P. Jin, J.Y. Kang. Vacuum rabi splitting of exciton-polariton emission in an AlN film[J]. Scientific Reports, 2013, 3: 3551.

[4] X.L. Zhuo, J.C. Ni, J.C. Li, W. Lin, D.J. Cai, S.P. Li, J.Y. Kang. Band engineering of GaN/AlN quantum wells by Si dopants[J]. Journal of Applied Physics, 2014, 115(12): 124305.

[5] W.H. Yang, J.C. Li, Y. Zhang, P.K. Huang, T.C. Lu, H.C. Kuo, S.P. Li, X. Yang, H.Y. Chen, D.Y. Liu, J.Y. Kang. High density GaN/AlN quantum dots for deep UV LED with high quantum efficiency and temperature stability[J]. Sci. Rep., 2014, 4: 5166.

[6] J. Li, T.N. Oder, M.L. Nakarmi, J.Y. Lin, H.X. Jiang. Optical and electrical properties of Mg-doped p-type $Al_x Ga_{1-x}$ N[J]. Appl. Phy. Lett., 2002,80: 1210.

[7] K.B. Nam, M.L. Nakarmi, J. Li, J.Y. Lin, H.X. Jiang. Mg acceptor level in AlN probed by deep ultraviolet photoluminescence[J]. Appl. Phy. Lett., 2003,83: 878.

[8] T.C. Zheng, W. Lin, D.J. Cai, W.H. Yang, W. Jiang, H.Y. Chen, J.C. Li, S.P. Li, J.Y. Kang. High Mg effective incorporation in Al-rich $Al_x Ga_{1-x}$ N by periodic repetition of ultimate V/Ⅲ ratio conditions[J]. Nano. Res. Lett., 2014,9: 40.

[9] J.C. Li, W.H. Yang, S.P. Li, H.Y. Chen, D.Y. Liu, J.Y. Kang. Enhancement of p-type conductivity by modifying the internal electric field in Mg- and Si-codoped $Al_x Ga_{1-x}$ N/$Al_y Ga_{1-y}$ N superlattices[J]. Appl. Phys. Lett., 2009, 95: 151113.

[10] T. C. Zheng, W. Lin, R. Liu, D.J. Cai, J.C. Li, S.P. Li , J.Y. Kang. Improved p-type conductivity in Al-rich AlGaN using multidimensional Mg-doped superlattices[J]. Sci. Rep., 2016, 6:21897.

[11] W. Lin, W. Jiang, N. Gao, D.J. Cai, S.P. Li, J.Y. Kang. Optical isotropization of anisotropic wurtzite Al-rich AlGaN via asymmetric modulation with ultrathin $(GaN)_m$/$(AlN)_n$ superlattices[J]. Laser Photonics Rev., 2013, 7: 572.

紫外驾电驭光芒

林 伟

随着网络和信息技术的不断普及与发展,互联网新应用层出不穷,需要大量带宽支撑海量数据需求。信息处理量呈现爆发性增长的趋势,原有的半导体电子和微电子技术已逐渐接近性能极限,急需更为先进的硬件性能予以支撑,对新技术的搜寻逐渐升温。新兴的光电子技术融合了光子与电子技术,涉及红外线、可见光和紫外线电磁辐射的光波段,具有角分辨力、距离分辨力和光谱分辨力高、频带宽、通信容量大等优势,能够很好地解决电互连发展受限的问题,日渐成为信息和通信产业转移的重点,并推动了光通信、光电显示、半导体照明、光存储、激光器等多个应用领域的发展,其影响将遍及生产、科研、国防、医学乃至大众生活的方方面面。

光电子技术主要研究光与物质中的电子相互作用及其能量转换相关的技术,其发展始于 20 世纪 60 年代初激光器的问世,从而将电子学的概念、理论和技术推进到了光频电磁波段。20 世纪 70 年代,在室温运转半导体激光器和低损耗石英光纤等技术加持下,半导体物理学、光纤光学、集成光学等光电子学理论基础日渐丰富与完善,并带动了以发光二极管(LED)、激光管(LD)和探测器等为代表的有源器件以及以光功率放大器、波长变换器、光信号接收器、光电能源转换器等为代表的无源器件发展。借助新型半导体材料技术和先进的工艺手段,许多重要的光电子器件制程技术陆续被开发出来。1962 年,Holonyak 等成功制备了第一个红光 LED;1971 年,Pankove 等采用 MIS 结构,成功制备了第一只蓝绿光发光二极管。20 世纪八九十年代以 GaN 等Ⅲ族氮化物为代表的第三代半导体开始兴起,并成功进行了商业化生产。可见光照明技术日渐成熟实用之后,光电子技术逐渐向更短的响应波长紫外乃至深紫外光谱波段延伸。紫外线(简称 UV)波长短于可见光波长,其波长范围为 10~400 nm,根据波长可以将其进一步划分为 UVA(315~400 nm)、UVB(280~315 nm)和 UVC(100~280 nm)。一般而言,波长越短,频率越高,连接速度越快。紫外线的频率比微波高 2~3 个数量级,作为通信的载体意味

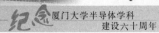
着更大的可利用频带。凭借紫外线自身波长短频率高的特性,将其应用至通信领域中时,将会得到相较于传统通信方式更加卓越的表现。AlGaN 高能隙的特点显然使其具备了作为紫外光电应用更为理想的先天优势。更引人瞩目的是,AlGaN拥有"直接带隙",相对于间接带隙的 Si 基半导体,AlGaN 易于吸收或释放光。且随着 Al 组分的变化,其禁带宽度可在 3.4～6.2 eV 范围内连续可调,见图 1。同时,其具备介电常数小、热导率高、电子饱和速度大、耐高温耐酸等良好的物理特性,可作为工作在紫外波段的理想半导体材料,在照明、杀菌、环保、医学以及军事上显现出重要的应用价值和市场前景。

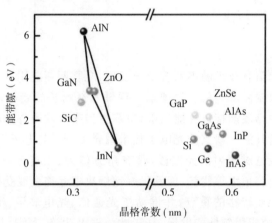

图 1　半导体晶格常数与能带关系

　　光有源器件在光通信和照明应用上的强势崛起,驱动了 AlGaN 材料在紫外LED 和激光二极管(lasing diode,LD)等有源器件上的发展,但高 Al 组分晶体场分裂反转引起的光学各向异性,使得业界在推动 AlGaN 实现实际应用的过程中遭遇困难。AlGaN 基半导体的光学各向性质来自于晶格排列缺乏反演对称性导致的极化效应。就晶体结构而言,AlGaN 晶格排列缺乏反演对称性,如图 2 所示。由于 Al/Ga 原子与 N 原子的电负性存在差异,导致 c 轴方向上两原子层之间呈现较大的极化效应。现有研究表明 AlN 和 GaN 在 c 轴方向有着很大的自发极化和压电极化,并且随 Al 组分增加,$Al_x Ga_{1-x} N$ 混晶的晶格常数发生变化,c/a 比值偏离理想纤锌矿 c/a 比值 0.375,引起自发极化和压电极化的增强。极化效应引起的内建电场对薄膜的生长、电学性质、光学性质等都具有显著的影响。

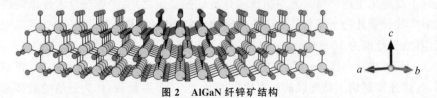

图 2　AlGaN 纤锌矿结构

以康俊勇和李书平教授为首的团队早期开展光学各向异性的基础研究。最初的工作显示晶格结构上的各向异性在光学特性方面也呈现出了各向异性。团队博士生林伟和硕士生姜伟采用第一性原理模拟计算系统,在更广泛的范围内进行创新探索,研究了不同组分$Al_xGa_{1-x}N$混晶的电子结构。典型的 GaN 和 AlN 能带结构如图 3 所示,由于存在晶体场所导致的价带能级分裂,高 Al 组分 AlGaN 的价带顶为晶体场分裂空穴带,与低 Al 组分 AlGaN 的重空穴带和

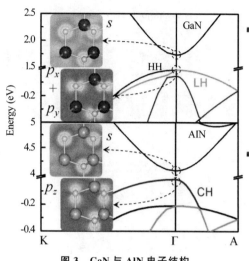

图 3 GaN 与 AlN 电子结构

轻空穴带有区别,带边附近的各向异性表现得更为明显。

为充分认识 $Al_xGa_{1-x}N$ 光学性质,采用 MOVPE 技术生长一系列 $Al_xGa_{1-x}N$ 薄膜,借以表征光学各向异性。对于前沿的科学研究,现成的量测方案往往并不存在,因此需要自行建立测试方法。经过大量文献调研归纳,借助可变角度椭圆偏振光谱,基于 Tanguy 色散公式分别独立表述外延 AlGaN 层中的 o 光和 e 光的介电常数,并对不同入射角度下的全波段光谱加以同步拟合,以获得材料的光学性质。根据最优拟合结果,测算 AlGaN 外延层 o 光和 e 光的折射率和消光系数等光学参数,并推导相应的双折射和二向色性色散曲线。椭偏所测算 $Al_xGa_{1-x}N$ 薄膜的折射率与消光系数色散曲线,随着 Al 组分的提高,o 光和 e 光折射率之间的差异随之增大,而且吸收边也同时向高能端移动,这意味着材料具有明显光学各向异性,正面出光的光发射迅速被侧面出光的光发射所取代。

一般而言,材料的物理特性取决于材料晶体结构特征。研究团队通过量子阱和超晶格结构的运用,调控应变引起的压电极化和界面自发极化不连续导致的极化电荷改变能带的倾斜度,从而改变整个能带的形状,影响光波在晶体中的传播特性,产生非寻常的光学性质。此前林伟在调控光学各向异性的研究中,设计采用超薄应变 AlN/GaN 超晶格,实现了在 Al 平均组分高于 0.5 的 AlGaN 中实现了光学各向异性调制,进而提高电子跃迁概率和 AlGaN 基光电器件的光效,相关成果被 Laser & Photonics Rev.选为卷首插图文章刊载,见图 4。

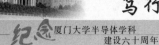
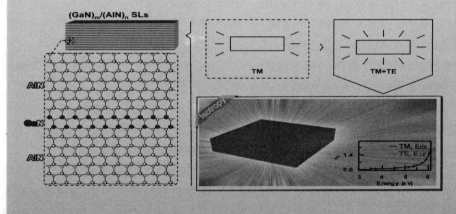

www.lpr-journal.org   Vol. 7   No. 4   July 2013

LASER & PHOTONICS REVIEWS

Optical isotropization of anisotropic wurtzite Al-rich AlGaN via asymmetric modulation with ultrathin (GaN)$_m$/(AlN)$_n$ superlattices

Symmetric anisotropy in wurtzite semiconductors, e.g., AlGaN, has led to the significant optical anisotropy that is rather difficult to resolve. W. Lin et al. (pp. 572-579) demonstrate a novel scheme for achieving optical isotropization in Al-rich AlGaN through the introduction of additional asymmetric elements to compensate the native asymmetry. Asymmetric modulation of alloy composition and periodicity of (GaN)$_m$/(AlN)$_n$ superlatices was proposed with first-principles simulations. Results showed that the compensation for the c-axial symmetry with the asymmetric ultrathin (GaN)$_m$/(AlN)$_n$ superlatices ($m \leq 2$) could well achieve the equivalence of the ordinary and extraordinary imaginary dielectric functions ε_{2x} at the band edge. Measurement with spectroscopic ellipsometry for this (GaN)$_m$/(AlN)$_n$ superlattice insertion in AlGaN host confirmed the theoretical predictions of the optical isotropization. This method can be transferred to other semiconductors in anisotropic structure and with troubles of optical anisotropy.

图4   通过调控超晶格中的应变,实现光学各向同性

有源器件只是光电子学应用的一个方面,光无源器件作为光纤通信系统的重要
组成部分,也显得尤为重要,常见的光无源器件包括光纤连接器、分路器、光隔离
器、波分复用器、调制器、光开关等。值得关注的是,基于材料非线性光学性能特
性的电光效应对开发光子器件,如光开关、电光调制器、光学参量转换器等至关
重要。电光效应的实质是在光波电场与外电场的共同作用下,使晶体出现非线
性的极化过程。呈现电光效应的非线性材料亦称普克尔材料,包括无机材料和
有机材料,使用时可通过不同的器件构型、晶体取向和外加电场相对于入射光偏
振的方向在晶体中感生折射率改变,从而实现激光的强度、相位或偏振的调制。
LiNbO$_3$ 晶体是发现最早且研究最为广泛的非线性材料,1992 年 Jungen 报道了

纯 $LiNbO_3$ 的紫外电光效应。通过掺杂增强 $LiNbO_3$ 的紫外电光效应，KLTN 在外加电场下可以大幅度提升其光折变性能，衍射效率达到 90% 以上。但传统电光晶体材料造价成本高昂，制备加工过程烦琐，制造高质量光学晶体难度大，限制了材料的进一步应用。相形之下，AlGaN 半导体响应波长短，可调制波长范围宽，在耐光损伤能力、热膨胀系数、透光范围、温度稳定性、化学稳定性和可获得性上均达到传统电光晶体材料难以企及的高度。更为重要的是先天结构各向异性，具有超常的压电极化和自发极化效应，其数值大小可以和传统的铁电材料相比拟，利于产生非线性光学效应。且与目前氮化物 LED 技术兼容性好，使得 AlGaN 易于使用产业化的 LED 芯片制造技术进行处理，有利于光电子集成，极有潜力成为紫外波段重要非线性材料。根据已有的物理认知，王启明院士洞悉半导体非线性光学性质的重要性。基于厦门大学团队对 AlGaN 基半导体结构材料的研究基础，派遣其中科院半导体研究所的博士研究生陈平前往厦大，开展围绕 AlGaN 基半导体材料的非线性光学性质的先期研究工作。固体极性材料或二阶非线性光学晶体材料往往满足非中心对称空间结构的前提条件。基于非中心对称结构的原则，陈平有意识地利用纤锌矿结构 AlGaN 晶格排列缺乏反演对称性所产生的极化效应，采用金属有机物化学气相沉积（MOCVD）方法外延生长了一系列 AlGaN/GaN 超晶格和异质结样品，通过保偏光纤连接马赫-曾德尔干涉系统对样品进行电光效应测试，测试表明电光效应相比 GaN 体材料外延薄膜有明显增强，电光系数最高可达 $r_{13} = (5.60 \pm 0.18)$ pm/V，$r_{33} = (19.24 \pm 1.21)$ pm/V，提高约一个数量级，接近了表 1 中常用电光晶体铌酸锂的水平。理论分析表明，电光系数的提高可归结为样品内部超晶格结构带来的量子限制对电光效应的增强作用。

表 1　电光材料的电光系数和折射率

单位:pm/V

电光晶体	波长 /μm	电光系数
ADP($NH_4H_2PO_4$)	0.633	$r_{41} = 28, r_{63} = 8.5$
$BaTiO_2$	0.546	$r_{33} = 23, r_{13} = 8.0$
GaAs	10.6	$r_{41} = 1.6$
KDP(KH_2PO_4)	0.633	$r_{41} = 8.6, r_{63} = 10.6$
$LiNbO_3$	0.633	$r_{33} = 30.8, r_{13} = 8.6, r_{42} = 32.6$
GaN	0.633	$r_{33} = 1.91, r_{13} = 0.57$ $r_{33} = 1.60, r_{13} = 1.00$
AlN	0.633	$r_{33} = 0.67, r_{13} = -0.59$

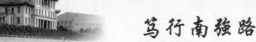

随着 Al 组分的提高，AlGaN 不但带隙增大，且极化场增强。基于 AlGaN 材料强极化特性，博士研究生姜伟和林伟创新思路，设想引入极化效应较强的高 Al 组分 $Al_xGa_{1-x}N$，与此同时运用量子阱和超晶格结构，通过界面应变引起的压电极化和界面自发极化不连续导致的极化电荷进一步诱导极化增强。在此基础上，结合外加电场和内建电场，有望将 $Al_xGa_{1-x}N$ 半导体的非线性光学效应提升到一个新的高度。基于这一设想，二人着手设计生长制备 $Al_xGa_{1-x}N/GaN$ 超晶格结构。尽管有了理论设计指导，但设计结构的实现对样品生长提出了较高的要求，样品晶体质量的优劣将直接决定实验的成败。采用简单工艺条件外延的 AlN 模板层电子显微镜图像，可明显地观察到裂纹。为了生长高质量的样品，往往需要长时间守在 MOVPE 生长设备旁，监控监测曲线，随时调整生长菜单，保证晶体高质量的外延生长。早上迎着第一缕阳光进入洁净室，直至漫漫轻云露月光方能结束，有时还需坚守至夜半凌晨。经过不断地重复和探索，发展了一类脉冲原子层外延技术，相对于简单工艺条件外延样品，干涉振荡曲线的峰高和幅度均有较大的提高，而且不随生长过程而下降，不仅可减少异质衬底带来的缺陷，还可实现异质外延结构原子级平整界面。为了对 $Al_xGa_{1-x}N/GaN$ 超晶格施加电场调制，外延片还需经历电极设计和加工工艺，不仅需要用到物理学知识，还需要大量关于芯片、刻蚀、金属沉积、退火工艺等多方面的工科知识。借鉴前期蓝光 LED 芯片的技术储备，摸索针对 $Al_xGa_{1-x}N/GaN$ 超晶格外延材料的最佳工艺参数，具体流程如图 5 所示。

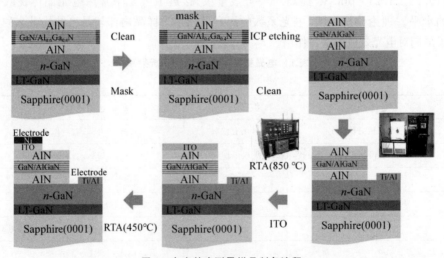

图 5 电光效应测量样品制备流程

经电极加工工艺制备成电光效应测试样品，应用椭圆偏振测量仪对样品进行表征，施加变化的正向偏压测量样品椭圆偏振光谱，测量分析表明折射率变化量随外界电场的增强而呈近似线性增大。与此前 $Al_{0.3}Ga_{0.7}N/GaN$ 对比发现，高 Al 组分的 $Al_xGa_{1-x}N/GaN$ 超晶格结构在响应波长为 632 nm，具有更大的电光系数，分别为 $r_{13} = 8.4$ pm/V，$R_{13} = -5.5$ pm²/V²，$r_{33} = 30.5 \times 10^4$ pm/V，$R_{33} = -37.9 \times 10^4$ pm²/V²。扩展表征短波段 450～360 nm 之间的电光系数色散曲线，发现带边吸收区域共振效应可进一步提高样品的电光效应。需要指出的是，当照射的光子能量达到半导体带隙大小时，价带的电子将被激发至导带，产生相应的光生电子空穴对，形成低能态填充。电子在被光生载流子填充的低能态间的跃迁不再发生，从而改变了材料对光子的吸收。根据 Krammers-Kronig 关系，折射率随之发生改变，引发更为强烈的共振非线性光学现象。利用增强非线性共振增强效应，超晶格结构在响应波长到范围变化下具有和传统的 LED 可比拟甚至略高的电致发光特性。近期的研究，硕士研究生吴小璇在前期的工作基础上进一步将 Al 组分提升至 0.635，$Al_{0.635}Ga_{0.365}N/GaN$ 样品的线性电光系数显著增大，在响应波长为 360 nm 时 r_{13} 和 R_{13} 分别可达 24.2 pm/V 和 -6.3×10^4 pm²/V²。共振效应还使 $Al_{0.635}Ga_{0.365}N/GaN$ 超晶格在带边 298 nm 处的线性电光系数 r_{13} 和二次电光系数 R_{13} 高达 41.2 pm/V 和 -7.1×10^4 pm²/V²。

AlGaN 材料非线性光学效应研究目前仍处于初始阶段，随着 AlGaN 基材料光电子技术的不断成熟，AlGaN 材料有望在电光开关、电光调制以及其他非线性光学器件上得到实际应用。值得一提的是，电光开关在光电子技术中应用广泛，相较于目前已知的机械光开关，电光开关速度快，无移动部件，重复率较高，寿命较长。一般采用平面集成光波导技术制备，适当调节施加电压的大小，可以使双光束在输出时发生相长干涉或相消干涉，从而实现输出光强的开启和关闭。基于 $LiNbO_3$ 的电光开关研究最早，技术成熟，响应时间快，开关时间可达 1 ns。目前已有商用产品，但是这类开关不能满足未来全光网络的要求，因此光控光开关即全光开关，始终是人们研究的重点。全光开关一般基于介质的非线性光学特性，通过控制泵浦光或者信号光本身的功率来改变信号光的输出状态。目前已研发的全光开关一般都需要很大的开关功率，远远超过信号功率。随着研究的深入，下一阶段 AlGaN 的非线性光学功能开发将围绕设计具有实用价值的光开关器件展开。2012 年，有文献报道利用 AlN 材料电光效应，在硅基上集成了 AlN 波导，提高传输带宽，电光调制速度可达 4.5 Gb/s，实现了信号的低损耗、高速处理。最新研究利用 AlN 环形谐振腔得到了光频梳，并可实现光的电场调谐和开关。AlGaN 在电光开关应用研究上虽已取得了初步的成果，但硅上 AlGaN 仍存在局限性。相比多晶薄膜，基于蓝宝石外延薄膜制备的 AlGaN 基半导体器件具有更佳的晶体质量，呈现明显性能优势，有望生产出具有实用价值的光开关器件，进而研制光电子逻辑器件。仰赖多样化的器件功能，AlGaN 基半导体可直接将有源器件和无源器件在物理结构上组合为一个整体，

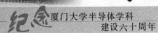
通过内部光源、光探测、光波导、光开光以及电传导进行光信号和电信号的对接。与相对较小的间接带隙 Si 材料相比，AlGaN 响应波长低于可见区域材料系统允许的具有高的光学和电学品质因数，是集成平台设备未来制造具有吸引力的候选材料。随着各界对 AlGaN 光电子技术的高度关注和深入研究，AlGaN 基光电子集成将会在光电子学领域产生全新意义上的重大影响。

参考文献

[1] N. Holonyak, S. F. Bevacqua. Coherent (visible) light emission from Ga(As$_{1-x}$P$_x$) junctions[J]. Applied Physics Letters, 1962, 1(4):82-83.

[2] J. I. Pankove, E. A. Miller, D. Richman, J. E. Berkeyheiser. Electroluminescence in GaN[J]. J. Lumin., 1971, 4: 63-66.

[3] J. Ross, M. Rubin. High-quality GaN grow by reactive sputtering[J]. Materials Letters, 1991, 12(4):215-218.

[4] P. Perlin, T. Suski, H. Teisseyre, et al. Towards the identification of the dominant donor in GaN[J]. Physical Review Letters, 1995, 75(2):296-299.

[5] J. Elsner, R. Jones, P.K. Sitch, et al. Theory of threading edge and screw dislocations in GaN[J]. Physical Review Letters, 1997, 79(19):3672-3675.

[6] F.A. Reboredo, S.T. Pantelides. Novel defect complexes and their role in the p-type doping of GaN[J]. Physical Review Letters, 1999, 82(9):1887-1890.

[7] S. Mahanty, M. Hao, T. Sugahara, et al. V-shaped defects in InGaN/GaN multiquantum wells[J]. MATERIALS LETTERS, 1999,41(2):67-71.

[8] H. Hirayama, S. Fujikawa, N. Kamata. Recent progress in AlGaN-based deep-UV LEDs[J]. Electronics and Communications in Japan, 2015, 98(5):1-8.

[9] F. Bernardini, V. Fiorentini, and D. Vanderbilt. Spontaneous polarization andpiezoelectric constants of Ⅲ-Ⅴ nitrides[J]. Phys. Rev. B, 1997, 56:R10024-R10027.

[10] I. Vurgaftman, J. R. Meyer. Band parameters for nitrogen-containingsemiconductors [J].J. Appl. Phys., 2003, 94: 3675-3696.

[11] W. Lin, W. Jiang, N. Gao, D. Cai, S. Li, J. Kang. Optical isotropization of anisotropic wurtzite Al-rich AlGaN via asymmetric modulation with ultrathin (GaN)$_m$/(AlN)$_n$ superlattices[J]. Laser & Photonics Reviews, 2013, 7(4): 572-579.

[12] 过巳吉.非线性光学 [M].西安:西北电讯工程学院出版社,1986.

[13] 张季熊.光电子学教程[M]. 广州:华南理工大学出版社,2001.

[14] X.C. Long, R.A. Myers, et al. GaN linear electro optic effect[J]. Appl. Phys. Lett., 1995, 67:1349-1351.

[15] M. Cuniot-Ponsard, I. Saraswati, S.M. Ko, et al. Electro-optic and converse-piezo electric properties of epitaxial GaN grown on silicon by metal-organic chemical vapor deposition[J]. Applied Physical Letters, 2014, 104:1-4.

[16] P. Graupner, J.C. Pommier, A. Cachard, et al. Electro optical effect in Aluminum

Nitride wave-guide[J]. Journal of Applied Physics，1992,71:4136-4139.

[17] X.Chi，W. H. P. Pernice，X. T. Hong. Low-loss，silicon integrated，aluminum nitride photonic circuits and their use for electro-optic signal processing[J]. Nano Lett.，2012，12:3562-3568.

[18] J. Hoioong，X. Chi，K. Y. Feng，et al. Optical frequency comb generation from aluminum nitride microring resonator[J]. Optics Letters，2013，38:2810-2813.

[19] J. Hoioong，K. Y. Feng，X. Chi，et al. Electrical tuning and switching of an optical frequency comb generated in aluminum nitride microring resonators[J]. Optics Letters，2014，39(1):84-87.

II型异质结构量子同轴线及其光伏应用

吴志明　曹艺严　倪建超　王伟平　Zhang Yong
Waseem Ahmed Bhutto　罗强　孔丽晶　郑暄丽

　　随着经济的发展、社会的进步,能源短缺、环境污染、生态恶化等问题逐渐严重,能源供需矛盾日益突出。太阳能作为一种取之不尽、用之不竭、无污染、不受地域限制的清洁能源,引起了人们的极大关注。近年来,随着世界各国对环境问题越来越重视,太阳能电池已成为各国科学家研究的热点和产业界开发、推广的重点。我国自 2013 年开始启动了大规模的光伏电站建设计划,当前已经成为年新增光伏装机量最大的国家。在太阳能电池材料方面,硅基材料的吸收波段与太阳光谱主要能量波段匹配,且其具有原料丰富、稳定无毒、生产成本低等特点,占据了全球太阳能电池市场的绝大部分(市场份额约 90%)。根据理论计算,单结 Si 太阳能电池的最高效率约为 30%,而实验室获得的最高电池效率已经达到 25.6%[1],与之基本接近,提升空间较小。为了进一步提高电池效率,充分利用太阳光,可以采用多波段光吸收方式,如 GaAs 基的多结太阳能电池[2]等,以克服单结太阳能电池中光能量流失和转换成热的问题。目前,这类太阳能电池在聚光下的实验室最高效率已经达到 46.0%。但由于其制作工艺复杂,生产成本一直居高不下,远不能达到大规模推广应用的要求。为降低成本和节省昂贵的半导体太阳能电池结构材料,人们从改进工艺、寻找新材料、电池薄膜化等方面进行了大量研究。

　　与传统块状或薄膜电池材料相比,纳米材料特别是纳米线阵列,不仅具有比表面积大、晶体质量好等优点,还可以减少光的反射,增加光的耦合,大大提高光的吸收和利用效率[3]。因此,纳米材料制作太阳能电池具有很大优势。目前研究较多的类型有染料敏化太阳能电池[4]、量子点敏化太阳能电池[5]、同轴纳米线太阳能电池[6]等[7]。其中同轴纳米线太阳能电池,特别是 II 型异质结同轴纳米线太阳能电池,可以利用异质结界面处的能级差来实现载流子空间分离[8],避免了传统 PN 结同轴纳米线太阳能电池掺杂困难、工艺烦琐的问题;其界面两侧能带变化陡峭,在纳米尺寸内载流子分离效率高,可达到 P-N 或 P-i-N 结构同轴纳米线无法比拟的效果[9]，有望成为新型高效太阳能电池的选项之一。

半导体异质结是由两种不同成分的半导体材料组成的结构，根据组成异质结两种材料的能带匹配情况，可分为Ⅰ型、Ⅱ型和Ⅲ型三类。前两种在异质结器件中比较常用。Ⅰ型异质结的导带底和价带顶均位于较窄带隙材料 sem1 中，如图 1(a)。对于这种结构，激发产生的电子和空穴将趋向于聚集在较窄带隙材料 sem1 中，从而提高载流子的复合，经常被用来制作激光器、发光二极管等。Ⅱ型异质结的导带底和价带顶分别位于两种不同的半导体材料中，如图 1(b)。对于这种结构，电子和空穴将趋向于分别分布于两种不同的半导体材料中，在空间上分离，进而在异质结两端形成电势差，产生光伏效应。因而Ⅱ型异质结构可用于制备太阳能电池器件[12]。

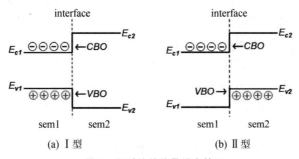

(a) Ⅰ型　　　　　　　　　　(b) Ⅱ型

图 1　异质结的能带排布情况

目前，对于Ⅱ型异质结构的研究主要集中在Ⅱ-Ⅵ族和Ⅲ-Ⅴ族半导体材料上，如 ZnO/ZnS[10]、ZnO/ZnSe[11]、ZnO/ZnTe[10]、CdSe/CdTe[12] 和 GaN/GaP[13] 等。在这些材料中，ZnO 基半导体由于原料丰富、生长技术成熟而受到广泛关注[14]。然而，ZnO 为宽带隙材料，且与其构成Ⅱ型能带结构的异质材料，如 ZnS、ZnSe、ZnTe、CdS 也都为宽带隙材料，不能有效地吸收太阳光。研究表明，通过Ⅱ型异质结界面的跃迁吸收可降低材料的有效带隙，而且通过应力及相结构的调控，还可将异质结的有效带隙降至可见光波段，如体材料 ZnO 和 ZnS 带隙分别为 3.37 eV 和 3.54 eV，当构成异质结后有效带隙可降低为 2.07 eV[10]，拓展异质结对太阳光的吸收范围。可见，通过宽带隙材料的组合有望构成新型的太阳能电池，扩大宽带隙材料在传统太阳能电池中的应用范围。

基于上述优势，当时还是助理教授的吴志明老师也对 ZnO 基Ⅱ型异质结构产生了浓厚兴趣。2008 年，恰逢美国北卡罗来纳大学的 Zhang Yong 教授来校交流，与康俊勇教授谈及宽带隙半导体在太阳能电池方面应用时，提到可以通过Ⅱ型异质结界面的跃迁吸收来降低材料的有效带隙。此前，Zhang Yong 教授在 Advanced Materials 杂志上发表论文[11]，生长出了Ⅱ型 ZnO/ZnSe 同轴纳米线，但由于很难获得高质量的异质结界面，未能观察到理论预测的带阶跃迁吸收。

他认为如果可以从实验上观察到Ⅱ型异质结的带阶跃迁吸收，将是宽带隙半导体材料在太阳能电池应用中的一大进步。有智者如磁石遇铁，不谋而合。吴志明老师依托我们实验组在Ⅱ-Ⅵ族的实验条件优势，在 Zhang Yong 教授的支持下，申请了"新型纳米氧化锌基异质结构材料的太阳能电池研究"项目。此后的两年多时间里，通过不断摸索，我们研究小组终于利用纳米线界面应力分布，实现了 ZnO/ZnSe 共格生长，率先在国际上获得高质量的具有Ⅱ型能带的纤锌矿结构 ZnO/ZnSe 量子同轴线阵列，并利用其异质界面电子结构的变化，将材料有效带隙延伸至 1.6 eV 以下。英国皇家化学学会的《材料化学》杂志发表了这一成果[15]。该成果被美国科技日报等十多个科技网站进行报道和转载。

在进行实验的同时，研究小组的倪建超同学采用基于密度泛函理论（DFT）的第一性原理方法[16]，计算了 ZnO(WZ)/ZnSe(WZ) 和 ZnO(WZ)/ZnSe(ZB) 两种异质结构的能带结构，如图 2 所示。研究发现 ZnO(WZ)/ZnSe(WZ) 异质结的有效带隙通过界面跃迁吸收可降低到 1.51 eV，与太阳能电池的最佳带隙十分接近，非常适合于太阳能电池的应用。而且，ZnO(WZ)/ZnSe(WZ) 异质界面处具有较大的应变场，更有利于载流子的分离。但是，由于纤锌矿 ZnSe 是一种亚稳态结构，在实际生长过程中，亚稳态的纤锌矿 ZnSe 很容易转变为闪锌矿 ZnSe，形成 ZnSe(WZ)/ZnSe(ZB) 异质结构。基于此，我们提出了一种优化的 ZnO(WZ)/ZnSe(WZ)/ZnSe(ZB) 异质结构，其局域电荷密度分布如图 3 所示。可以看到，载流子在 ZnO(WZ)/ZnSe(WZ) 异质结界面处很好地分离，同时闪锌矿 ZnSe 将分离后的空穴向外传输，从而形成电流通路。

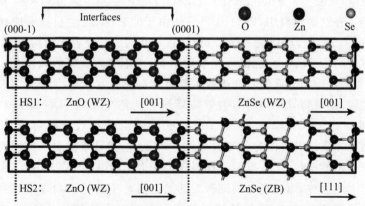

图 2 ZnO(WZ)/ZnSe(WZ) 和 ZnSe(WZ)/ZnSe(ZB) 异质结构模型

注：图中的虚线为 (000-1) 和 (0001) 界面。

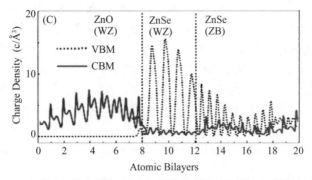

图3 ZnO(WZ)/ZnSe(WZ)/ZnSe(ZB)异质结构导带底CBM和价带顶VBM所对应的电荷密度分布

在上述基础上,考虑到实际情况,我们研究小组还构建了包含2层ZnO芯核和2层ZnSe外壳的ZnO/ZnSe同轴结构模型[17]。模拟结果显示,弛豫后的ZnSe层在界面附近和ZnO芯层具有相同的晶格常数,如图4所示。这表明ZnO和ZnSe能够共格生长,制备出前文提到的ZnO(WZ)/ZnSe(WZ)异质结。对于ZnO/ZnSe同轴结构,其导带底和价带顶所对应的电荷分布如图5所示,电子主要集中在ZnO芯层,而空穴则被局限在ZnSe外壳层,说明ZnO/ZnSe同轴纳米线结构确实可以有效地分离电子-空穴对,适合用作太阳能电池材料。

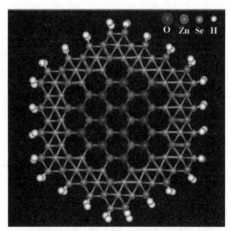

图4 ZnO/ZnSe同轴结构弛豫后的原子结构图

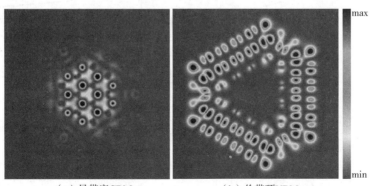

（a）导带底CBM　　　　（b）价带顶VBM

图5 ZnO/ZnSe同轴结构截面的导带底CBM和价带顶VBM所对应的电荷分布图

另外,由于 ZnO 与 ZnSe 之间存在较大的晶格适配,如果改变两层的厚度比,根据力学原理,共格生长层的晶格常数有望发生变化,材料的光电特性可以得到调控。这部分工作由研究小组的王伟平同学负责,他利用力学平衡算法,对 ZnO/ZnSe 同轴纳米线的应变和电子结构进行计算[18]。结果显示,共格生长层的临界厚度随着 ZnO 芯核的尺寸发生改变,如图 6(a)所示,当 ZnO 直径为 9 nm 时,共格生长层的临界厚度最大,约 6.5 nm。而且,随着共格生长层厚度比的增加,共格层的晶格常数变大,ZnO 的能带、材料的有效带隙减小,如图 6(b)和(c)所示。这说明,可以利用应变调控异质界面,拓展材料对光的吸收范围。

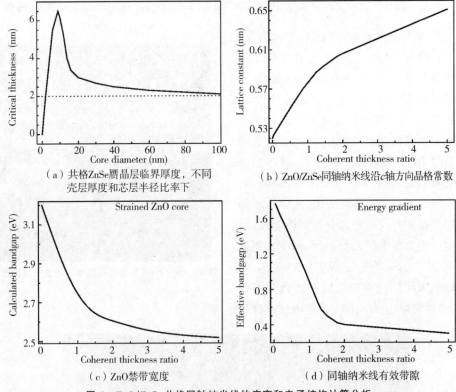

（a）共格 ZnSe 赝晶层临界厚度,不同
壳层厚度和芯层半径比率下

（b）ZnO/ZnSe 同轴纳米线沿 *c* 轴方向晶格常数

（c）ZnO 禁带宽度

（d）同轴纳米线有效带隙

图 6　ZnO/ZnSe 共格同轴纳米线的应变和电子结构计算分析

百尺竿头,更进一步。研究小组的曹艺严同学为了制备出质量更高、有效带隙更小的 ZnO/ZnSe 同轴纳米线,采用化学气相沉积法,通过不断优化生长温度、氧流量、Zn 蒸气压等参数,费时一年多,制备出纤锌矿结构<001>方向垂直于衬底表面生长的 ZnO 纳米线阵列。根据第一性原理计算预测,在较细的 ZnO 纳米线共格外延 ZnSe 壳层后,其 II 型异质结有效带隙更窄。曹艺严同学通过实验参数调控,在不同粗细的 ZnO 纳米线阵列上,制备出多种壳层厚度的

ZnSe。研究发现,同轴纳米线 ZnO 芯层表面会优先共格生长一层纤锌矿结构
ZnSe 材料,且通过控制内芯层的直径和外壳层厚度,可调控其晶格常数[18]。当
芯层较粗、壳层较薄时,共格生长层晶格常数与 ZnO 接近;当芯层较细、壳层较
厚时,共格生长层晶格常数与 ZnSe 接近,如图 7 所示。图 8 给出了紫外一可见
透射光谱,结果显示,随着壳层厚度的增加,同轴纳米线的有效带隙变小,在红外
波段的吸收范围增宽,强度增强,更适合于太阳能电池的应用。

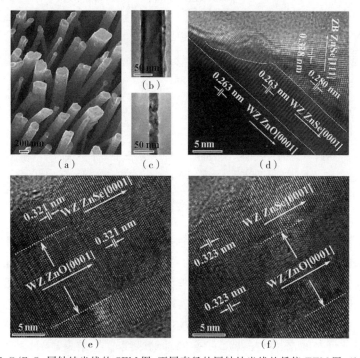

（a）ZnO/ZnSe 同轴纳米线的 SEM 图,不同直径的同轴纳米线的低倍 TEM 图；（b）65 nm；
（c）25 nm；（d）～（f）不同直径的同轴纳米线的高倍 TEM 图

图 7　ZnO/ZnSe 同轴纳米线的 SEM 图和 TEM 图

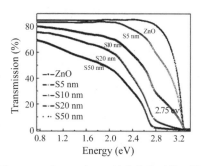

图 8　ZnO 和 ZnO/ZnSe 纳米线阵列的透射谱

从理论出发,ZnO/ZnSe 同轴纳米线的有效带隙越小越有利于太阳光谱的吸收。直接的器件效率测试才是检验理论与实践是否一致的方法。我们尝试了不同的电极材料,终于制作出最大光电转换效率为 1.19%、最大外量子效率达到 82%、响应阈值拓展到了 0.92 eV 的近全太阳光谱宽带隙基半导体纳米线太阳能电池,这个结果领先于国际同类研究水平(其光谱响应如图 9 所示)。

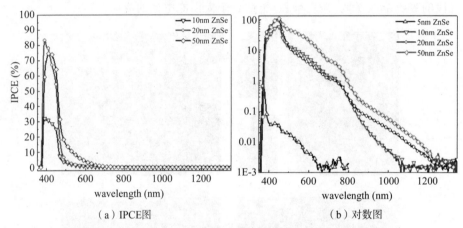

（a）IPCE图　　　　　　　　　（b）对数图

图 9　ZnO/ZnSe 同轴纳米线太阳能电池的 IPCE 图及对数图

虽然我们已成功将 ZnO/ZnSe 同轴纳米线太阳能电池的带隙调控至 0.92 eV 以下,但由于 ZnO 纳米线的直径有一个较宽的分布,从 10~200 nm,造成材料在红外区域的吸收较少。为了进一步扩展 II 型异质结构同轴纳米线对光的响应范围,三元混晶材料如 ZnCdSe,由于具有可调的带隙和能带结构,引起了我们的关注。研究小组的外籍博士生 Waseem Ahmed Bhutto,采用化学气相沉积法生长出组分可变的 $ZnO/Zn_{1-x}Cd_xSe$ 同轴纳米线[19]。结果显示,由于混晶无序效应,在 $ZnO/Zn_{0.51}Cd_{0.49}Se$ 纳米线的界面处获得了纤锌矿结构的共格生长层,用其制作的太阳能电池的光电转换效率达到 3.68%,如图 10 所示。

为了更方便实现三元混晶材料组分的精确控制,我们研究组还提出了一种简便的磁控溅射交替生长法[20],该工作主要由研究小组的罗强、贺加伦同学负责。以化学气相沉积法生长的垂直 ZnO 纳米线阵列为基底,采用交替溅射的方法将 ZnSe、CdSe 溅射在 ZnO 纳米线上,通过后续退火处理,得到了不同组分的三元混晶材料 ZnCdSe。图 11 为样品在 350℃下退火后的 X 射线衍射(X-ray diffraction,XRD)图和透射光谱,可以看出,随着 Zn 组分的减小,三元 $Zn_xCd_{1-x}Se$ 混晶的带隙呈现出系统的蓝移,从 1.85 eV 逐渐变化到 2.58 eV,几乎覆盖了整个可见光谱,因而通过精确调控组分就可以使得 $Zn_xCd_{1-x}Se$ 材料更适合于太阳能电池的应用。

尽管我们已经可以通过不同的方法制备出 ZnO 基 II 型同轴纳米线,并将其

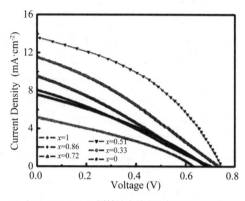

（a）ZnO/Zn₀.₅₁Cd₀.₄₉Se同轴纳米线的高倍TEM图　（b）ZnO/ZnₓCd₁₋ₓSe同轴纳米线太阳能电池的*I-V*输出

图 10　ZnO/ZnₓCd₁₋ₓSe同轴纳米线形貌及太阳能电池的 *I-V* 输出特性曲线

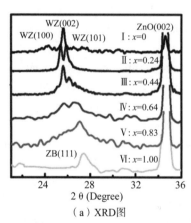

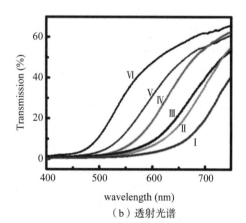

（a）XRD图　　　　　　　　（b）透射光谱

图 11　不同组分 ZnO/ZnCdSe 同轴纳米线的 XRD 图和透射光谱

制成太阳能电池,在性能方面也获得了一定的突破,但是其效率仍然不高。影响其效率的主要因素有:①材料的晶体质量,尤其是界面晶体质量。这就要求我们在后续工作中进一步优化材料的生长参数,提高材料的晶体质量。②同轴纳米线的壳层厚度。纳米线电池的性能与其壳层厚度息息相关。壳层厚度越厚,越有利于光的吸收。但同时由于壳层厚度增加,光生载流子的扩散长度也会增加,使得载流子的分离效率降低。因而,通过厚度的优化,有望进一步提高太阳能电池性能。③同轴纳米线的能带结构。能带结构影响着光生载流子的分离和收集。挑战与机会并存,相信在各国学者的共同努力下,上述问题会一一被攻克。不久的将来,全新高效的Ⅱ型异质量子同轴线太阳能电池将会成为太阳能电池中的一大亮点,在人类发展旅程上留下辉煌的一笔。

参考文献

[1] J. Zhao, A. Wang, M. A. Green. 24.5% efficiency silicon PERT cells on MCZ substrates and 24.7% efficiency PERL cells on FZ substrates[J]. Prog. Photovoltaics: Res. Appl., 1999, 7(6): 471-474.

[2] D. J. Friedman. Current Opinion in Solid State and Materials Science, 2010, 14:131.

[3] L. Hu, G. Chen. Analysis of optical absorption in silicon nanowire arrays for photovoltaic applications[J]. Nano Lett., 2007, 7(11): 3249-3252.

[4] E. J. W. Crossland, M. Nedelcu, C. Ducati, S. Ludwigs, M. A. Hillmyer, U. Steiner, H. J. Snaith. A bicontinuous double gyroid hybrid solar cell[J]. Nano Lett., 2009, 9(8): 2807-2812.

[5] K. S. Leschkies, R. Divakar, J. Basu, E. E. Pommer, J. E. Boercker, C. B. Carter, U. R. Kortshagen, D. J. Norris, E. S. Aydil. Photosensitization of ZnO nanowires with CdSe quantum dots for photovoltaic devices[J]. Nano Lett., 2007, 7(6): 1793-1798.

[6] H. Z. Zhong, Y. Zhou, Y. Yang, C. Yang, Y. F. Li. Synthesis of Type-II CdTe-CdSe nanocrystal heterostructured multiple-branched rods and their photovoltaic applications [J]. J. Phys. Chem. C, 2007, 111(17): 6538-6543.

[7] Y. Yu, P. V. Kamat, M. Kuno. A CdSe nanowire/quantum dot hybrid architecture for improving solar cell performance[J]. Adv. Funct. Mater., 2010, 20(9): 1464-1472.

[8] A. Nduwimana, X. Q. Wang. Charge carrier separation in modulation doped coaxial semiconductor nanowires[J]. Nano Lett., 2009, 9(1): 283-286.

[9] W. K. Metzger. The potential and device physics of interdigitated thin-film solar cells [J]. J. Appl. Phys., 2008, 103(9): 094515.

[10] J. Schrier, D. O. Demchenko, L. Wang. Optical properties of ZnO/ZnS and ZnO/ZnTe heterostructures for photovoltaic applications[J]. Nano Lett., 2007,7(8): 2377-2382.

[11] K. Wang, J. J. Chen, W. L. Zhou, Y. Zhang, Y. F. Yan, J. Pern, A. Mascarenhas. Direct growth of highly mismatched type-II ZnO/ZnSe core/shell nanowire arrays on transparent conducting oxide substrates for solar cell applications[J]. Adv. Mater., 2008, 20(17): 3248-3253.

[12] P. T. Chou, C. Y. Chen, C. T. Cheng, S. C. Pu, K. C. Wu, Y. M. Cheng, C. W. Lai, Y. H. Chou, H. T. Chiu. Spectroscopy and femtosecond dynamics of Type-II CdTe/CdSe Core-shell quantum dots[J]. Chem. Phys. Chem., 2006, 7(1): 222-228.

[13] Y. Zhang, L. Wang, A. Mascarenhas. "Quantum Coaxial Cables" for solar energy harvesting[J]. Nano Lett., 2007, 7(5): 1264-1269.

[14] W. F. Li, Y. G. Sun, J. L. Xu. Controllable hydrothermal synthesis and properties of ZnO hierarchical micro/nanostructures[J]. Nano-Micro Lett., 2012, 4(2): 98-102.

[15] Z. M. Wu, Y. Zhang, J. J. Zheng, X.G. Lin, X. H. Chen, B. W. Huang, H. Q. Wang, K. Huang, S. P. Li, J. Y. Kang. An all-inorganic type-II heterojunction array with nearly full solar spectral response based on ZnO/ZnSe core/shell nanowires[J]. J. Mater.

Chem., 2011, 21(16): 6020-6026.

[16] J. C. Ni, Z. M. Wu, X. G. Lin, J. J. Zheng, S. P. Li, J. Li, J. Y. Kang. Band engineering of type-Ⅱ ZnO/ZnSe heterostructures for solar cell applications[J]. J. Mater. Res., 2012, 27(04): 730-733.

[17] Y. Y. Cao, Z. M. Wu, J. C. Ni, W. A. Bhutto, J. Li, S. P. Li, K. Huang, J. Y. Kang. Type-Ⅱ core/shell nanowire heterostructures and their photovoltaic applications[J]. Nano-Micro Letters, 2012, 4(3): 135-141.

[18] Z. M. Wu, W. P. Wang, Y. Y. Cao, J. L. He, Q. Luo, W. A. Bhutto, S. P. Li, J. Y. Kang. A beyond near-infrared response in a wide-bandgap ZnO/ZnSe coaxial nanowire solar cell by pseudomorphic layers[J]. J. Mater. Chem. A, 2014, 2(35): 14571-14576.

[19] W. A. Bhutto, Z. M. Wu , Y. Y. Cao, W. P. Wang, J. L. He, Q. Luo, S. P. Li, H. Li, J. Y. Kang. Beneficial effect of alloy disorder on the conversion efficiency of ZnO/$Zn_x Cd_{1-x}$ Se coaxial nanowire solar cells[J]. J. Mater. Chem. A, 2015, 3(12): 6360-6365.

[20] Q. Luo, Z. M. Wu, J. L. He, Y. Y. Cao, W. A. Bhutto, W. P. Wang, X. L. Zheng, S. P. Li, S. Q. Lin, L. J. Kong, J. Y. Kang. Facile synthesis of composition-tuned ZnO/$Zn_x Cd_{1-x}$ Se nanowires for photovoltaic applications[J]. Nanoscale Research Letters, 2015, 10(1):181.

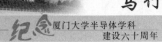
电光石火　增光紫外

——记表面等离激元增强紫外隐秘光芒开拓工作

黄凯　李静　高娜　李书平

　　人工照明技术使人类活动在一定程度上摆脱了对太阳这一最重要的自然光源的依赖,使人类不再需要日出而作,日落而息。人类开始学会生火照明,是人类步入文明的重要一步,它实现了人类一天的生活不仅仅是日出而作,日落而息,而且能够将一天的活动时间延续到夜晚。这在某种意义上就是增加了人类生命的长度。数十万年来,从钻木取火、蜡烛、白炽灯一直到现在的半导体照明,人类的照明技术发生了翻天覆地的变化。无论是火焰热光源,还是半导体冷光源,其发光过程的本质都是等离子体中电子跃迁过程所产生的辐射。相较于火焰的"热-光"、白炽灯的"电-热-光"转换过程,半导体照明中发光二极管的发光机理是利用在人工晶体(石)材料中的激子(火)的辐射复合,使得人类真正意义上进入了"电-光"直接转换时代,大幅降低了发光过程中的能量损耗。因此,"电光石火"这个古老成语可以很好地形容以Ⅲ族氮化物发光二极管(LED)为首的新型半导体照明器件。

　　二十多年来,众多的科学家在提高 LED 发光效率的方向上做出了不懈的努力,使用了低温缓冲层、横向外延过生长(epitaxial lateral overgrowth,ELOG)、共掺杂、σ掺杂、电子/空穴阻挡层、表面粗化、光子晶体等一系列方法提高了LED 的晶体质量、掺杂效率、注入效率、出光效率,目前可见光波段的 LED 的效率已经很高,并已经获得了很好的商业应用。赤崎勇、天野浩和中村修二也由此获得了 2014 年诺贝尔物理学奖。

　　然而,在短波长的紫外波段特别是深紫外波段,LED 距离商业化依然有一定距离。紫外光可广泛应用于杀菌消毒、环境净化,包括空气、河水以及工业废水净化。近年来,AlGaN 基深紫外 LED 器件的输出功率虽然大大增加,但离真正的产业化应用还有着较远距离,这主要归咎于器件较低的外量子效率。而导致较低外量子效率的一个重要原因是 AlGaN 材料外延生长过程中由于晶格失配会产生大量的缺陷,这些缺陷起着非辐射复合中心的作用,极大地削弱了有源层发光的内量子效率。为此,研究者在抑制 AlGaN 材料生长过程中缺陷的产生方面付诸许多努力,已有多种方案来解决生长中出现的各种问题,如采用迁移率增强生长方法促进 AlN 模板的二维生长,在 AlN 同质衬底上外延 AlGaN 材料等;另一影响 AlGaN 基深紫外 LED 内量子效率的重要因素是量子限制斯塔克效应(quantum-confined stark effect,QCSE),使得量子结构中载流子空间上自分离,显著降低了有源层的辐射复合速率。最近有研究者沿非极性面外延生长Ⅲ族氮化物有源层,也有研究者采用具有较大光学跃迁矩阵元的结构来替代传统有源层。上述方法均有效地改善了 AlGaN 基紫外 LED 的晶体质量,并提高了器件的内量子效率。2009 年,美国 SET 公司的 M. Shatalov 等报道了室温下发光波长为 280 nm 的深紫外 LED 内量子效率甚至可高达 70%。因此,在当前较成熟的外延技术条件下,内量子效率潜在的提升空间十分有限,而光抽取效率(light extraction efficiency,LEE)的提高成为有效增强 AlGaN 基深紫外 LED 外量子效率的关键。

要从根本上突破较低的光抽取效率这一瓶颈,需要克服两个主要影响因素:①AlGaN 材料的高折射率。由于介质界面折射率的差异,光在界面上会发生全反射现象,折射率差异越大,全反射临界角越小,则穿透有源层逃逸出射的光子数目就越少。在紫外 LED 结构中,AlGaN/GaN 界面材料的平均折射率接近2.5(280 nm 波长附近),与空气界面的全反射临界角约为 24°,导致大量载流子复合生成的光子一旦偏离逃逸光锥便被反射回 LED 内部并被吸收,难以从器件中有效抽取。②$Al_xGa_{1-x}N$ 材料的光学各向异性,即沿 c 轴与垂直于 c 轴方向发射的光强存在显著差异。当组分 x 低于 0.5 时,沿 c 轴发射的光强高于垂直方向的光强。一旦超过这一关键组分,垂直于 c 轴发射的光强则高于沿 c 轴的光强。通常 AlGaN 沿 c 轴优先生长,垂直于 c 轴发射的深紫外光沿着平行于外延层/空气界面的方向传播,表现为侧面出射。研究表明,波长为 333 nm 的紫外 LED 正面与侧面发射偏振比率相差高达 40%。

综上所述,AlGaN 材料的高折射率和光学各向异性造成了目前深紫外 LED极低的光抽取效率,并严重限制了器件的性能。尽管通过传统的光子晶体、图形衬底、表面粗化等用于可见光 LED 的方法能够避免高折射率 AlGaN 材料的全反射问题,然而,对光学各向异性尤为突出的 AlGaN 材料而言,还需要从根本上探索改变光传播方向的新原理和新方法。

"电光石火"这个成语多用于形容事物像闪电和石火一样转瞬即逝,在半导体 LED 的发光过程中,激子复合速度并不太快,因此导致了较大的非辐射复合率,大幅度降低了 LED 的发光效率。近年来,科学家们找到了一种辐射复合速率极高的等离子体——表面等离激元(surface plasmons,SPs),并利用其成功地提高了 LED 的内量子效率、光抽取效率等特性。SPs 是一种金属表面区域的自由电子与入射光之间相互作用形成的集体振荡模式,通常可分为表面等离极化激元[surface plasmon polaritons,SPPs,如图 1(a)所示]和局域表面等离激元[localized surface plasmons,LSPs,如图 1(b)所示]两大类。

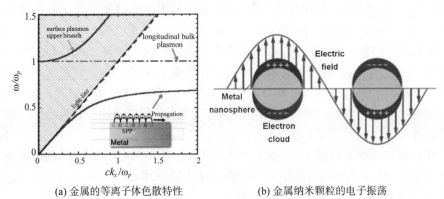

(a) 金属的等离子体色散特性　　　　　(b) 金属纳米颗粒的电子振荡

图 1　不同模式下的等离极化激元分类

对于绝大多数金属,如常用于表面等离激光(SP)器件的 Au 和 Ag,其体材料的等离子体频率 ω_p 均在紫外频域。当紫外光,尤其是深紫外光照射在金属表面时,将难以激发 SPP 或 LSP。此时的金属对紫外光相当于透明的介质。因此,对于紫外特别是深紫外光学/光电器件,要使用 SP 增强的方法必须对金属的种类进行特别的选择。本文将主要介绍厦门大学半导体专业近年来在 SP 增强半导体发光领域的一些进展。

一、紫外 SP 发光增强 Zn_2SiO_4-Zn 纳米同轴线阵列结构

在 2005 年,康俊勇教授研究组的冯夏等人利用化学气相沉积的方法,在 Si 衬底上获得了 Zn_2SiO_4-Zn 纳米同轴线阵列,如图 2 所示。

(a) Zn_2SiO_4-Zn 纳米异质同轴线阵列;(b)单根同轴线放大倍数的扫描电镜

图 2　Zn_2SiO_4-Zn 纳米同轴线阵列扫描电镜图

如图 3 所示，阴极荧光（cathode luminescence，CL）数据表明，Zn_2SiO_4-Zn 纳米同轴线在中紫外波段的 300 nm 波长处存在强烈的发光峰，而 Zn_2SiO_4 纳米线的中紫外波段发光则很弱。FDTD 模拟表明，在金属 Zn 纳米线和 Zn_2SiO_4 壳层界面处形成了 LSP 模式，其近场增强作用或能量转移作用可大幅提高 Zn_2SiO_4 壳层中的中紫外发光强度。

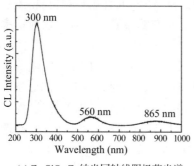
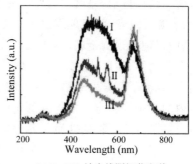

(a) Zn_2SiO_4-Zn 纳米同轴线阴极荧光谱　　　(b) Zn_2SiO_4 纳米线阴极荧光谱

图 3　Zn_2SiO_4-Zn 纳米同轴线和 Zn_2SiO_4 纳米线阴极荧光谱

二、SPP 增强深紫外 LED

由于金属 Zn 在空气中极易被氧化且不易形成致密的氧化保护层，金属 Zn 并不适宜作为与紫外光耦合的金属在微纳光学/光电子学中被有目的地使用。目前，已在紫外光照射下产生 SPP 或 LSP 的只有 Al、Rh、Ag 等为数不多的几种金属，其介电函数如图 4 所示。当满足金属与空气介质的局域化共振条件 $\varepsilon_m = -2\varepsilon_d = -2$ 时，金属 Al、Rh、Ag 在紫外波段均可呈现出明显的等离子体共振特性。尤其是金属 Al 的介电函数实部在真空紫外波段仍为负值且绝对值远大于其虚部，可见 Al 是能够提供紫外波段 SPP 的理想金属。此外，相对于 Rh，金属 Al 介电函数虚部在紫外波段的值更小，这表明金属 Al 表面等离子体波的吸收、损耗

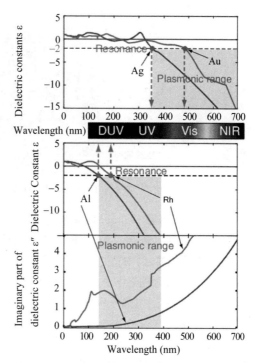

图 4　不同金属材料在可见光及紫外波段的介电函数比较

也更少,即 SPP 在金属表面的传播距离也更长,更容易与入射光波发生耦合。

尽管人们大量报道了可见光波段 SPP 对半导体光电器件影响的研究,但是有关 SPP 在 AlGaN 紫外或深紫外光电子器件方面的应用研究却刚刚起步。2010 年,J. Lin 等最早发表了 SPP 增强 AlGaN/GaN 单量子阱近紫外光发射的研究成果,实验中比较了不同金属纳米平面结构对近紫外发光的影响,激光由正面入射。结果显示,厚度约为 10 nm 的 Ag 和 Al 皆可有效地提升能量为 3.34 eV 的有源层发光,明显地促进了 AlGaN/GaN 有源层激子的自发辐射速率。然而,文中仅理论预测金属 Al 更适合深紫外波段的 SPP 增强。

众所周知,在以 $Al_xGa_{1-x}N$ 材料作为有源层的深紫外 LED 中,随着组分 x 的增大,载流子复合发光沿 c 轴方向的比例逐渐减少,同时仅有少部分位于逃逸光锥内的光子能够直接从器件的正面抽取;其余偏离光锥范围的光波,尤其是偏振电矢量平行于 c 轴的 TM 波沿平行于有源层界面的方向进行传播,使得深紫外光趋近于侧面出射,如图 5 所示。从 SPP 的激发机理可知,TM 模式的入射光(p 向偏振)能够激发引起 SPP,并在金属与半导体界面间振荡传输。

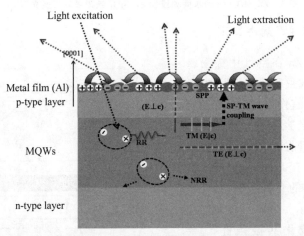

图 5　深紫外 LED 出射的 TM 波与 SPP 量子能量转换过程原理

可以预见,若 AlGaN 深紫外 LED 发射的 TM 波与金属/半导体界面产生的 SPP 满足频率匹配条件,即 SP-TM 直接耦合,便可以使侧向传播的光子在界面接触处激发形成 SPP。之后再通过量子化 SPP 的电子、空穴对辐射复合,将能量转换回传播方向各异的光子,即可达到改变 AlGaN 紫外 LED 光传播方向的效果,并提高器件正面的光抽取效率。实现 SPP 量子能量转换必须满足波矢匹配条件。通常通过改变金属 Al 材料的表面结构实现 SPP 的波矢补偿,如表面并不绝对平滑的 Al 纳米薄层。

2012 年,厦门大学康俊勇研究组的高娜等人成功利用金属 Al/AlGaN 界面的

SPP 与 AlGaN LED 中的 TM 波耦合,将原本不能从器件正面出射的侧向光抽取出来,相比平面样品,成功将波长 282 nm 的深紫外 LED 光抽取提高了 136%,如图 6 所示。

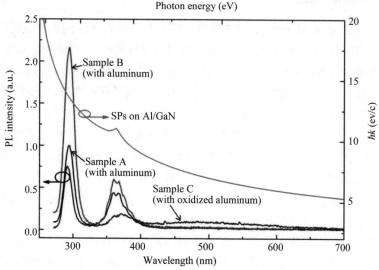

Sample A、B、C 曲线分别表示沉积金属 Al 纳米薄层前后及 Al 薄层被完全氧化后的紫外 LED 发光情况,灰色标注 SPs on Al/GaN 曲线表示 Al/GaN 界面的 SPP 光学色散特性

图 6　光致发光谱及色散关系曲线

进一步的 CL 数据表明,样品的内量子效率并未因引入金属薄层而得到提高,即 SP-QW 耦合过程并未发生,如图 7 所示。因此,紫外 LED 光强的增加,

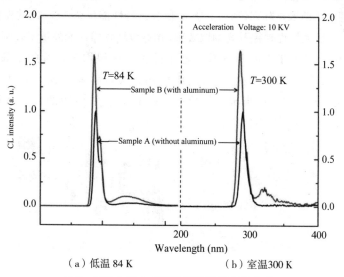

（a）低温 84 K　　　　（b）室温 300 K

图 7　沉积金属 Al 薄层观测到的阴极荧光谱

主要原因是SPP改变了 LED 紫外出射光子的方向,提高了紫外 LED 的正面光抽取效率。

三、LSP 增强深紫外 LED

虽然通过金属 Al 薄膜/半导体界面的 SPP 与 TM 波光子间的能量转换可提高深紫外 LED 正面光出射,但是,由于金属内部的能量吸收,SPP 量子在穿越 Al 薄膜时将发生能量耗散。我们的研究工作发现,当 Al 薄膜厚度仅为 6 nm 时,SPP 最终穿过金属后能量仅剩初始能量的 40% 左右,大幅度削弱了其转换为光子的强度。况且在侧向传播的光波中,并非所有的出射光均为 TM 波,还包含部分 TE 波。这部分 TE 波只能沿着既定的方向进行传播,不利于正面光抽取。另一方面,在轴向传播的光波中,逃逸光锥内的 TE 波在穿越金属薄层时将发生很强的紫外光吸收,从而只有部分能穿过金属 Al 薄膜;逃逸光锥外的 TE 波将被全反射,而 SPP 又未能与之发生耦合转换,故仅有极少部分能最终射出 LED。因此,有必要优化金属 Al 纳米薄膜结构,使其能更有效地将 SP 转换为深紫外 LED 出射光子。

相比于量子化 SPP 与 TM 波光子间的能量转换,将 LSP 量子能量耦合转换应用到深紫外 LED 上则具有更强的竞争优势。第一,LSP 能更有效地与多种波导模式的光波进行耦合,包括侧向传播的 TM 波和 TE 波,以及位于逃逸光锥外被全反射的 TE 波等。第二,LSP 具有较广的动量分布,更容易与紫外 LED 出射光子的波矢相互匹配,从而更好地与有源层出射光进行耦合。第三,LSP 的辐射复合效率较 SPP 更高,LSP 量子能量经辐射复合直接在界面接触处再转换回光子,不会发生穿越金属过程中所产生的能量损耗。因此,在深紫外 LED 上制备金属 Al 纳米点阵列,利用其吸收和散射特性能增强 LSP 在共振能量附近与光子的耦合,更大幅度地提升光抽取效率,并有效增强器件的外量子效率。

传统的金属纳米点阵制备通常先在衬底上沉积均匀连续的金属薄层,而后对金属纳米薄层进行热退火,并通过成核和集聚过程来完成。然而,由于 Al 金属活性较强,极易在表面形成一厚度 2~3 nm 的坚固致密的自然氧化层。该氧化层会阻碍 Al 原子的横向迁移,故仍然维持如图 8 所示的薄层结构。可见,与

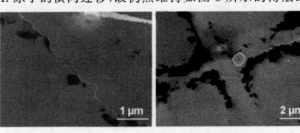

(a) 200℃   (b) 400℃

图 8 不同温度下热退火金属 Al 纳米薄层的 SEM 形貌图

平面型金属 Al 纳米结构的制备相比,Al 纳米点阵列的制备难度更大。

　　为此,人们多采用极紫外光刻、超细聚焦离子束刻蚀等自上而下的加工技术制备金属 Al 纳米点阵。然而,这些技术制备成本高,且得不到小尺寸、高密度的 Al 纳米点阵列,使其应用受到限制。针对这些问题,2014 年,厦门大学康俊勇研究组的黄凯等人运用倾斜沉积(oblique-angle deposition, OAD)金属 Al 的自下而上方法,成功地在深紫外 LED 表面形成尺寸、密度可调的 Al 纳米颗粒阵列,如图 9 所示。

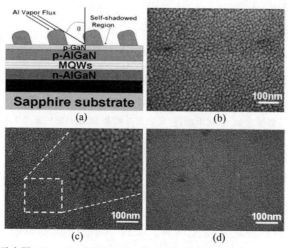

（a）倾斜沉积法示意图;(b)～(d) 分别以 45°、60°及 75°入射倾斜沉积的金属 Al 纳米点阵 SEM 图

图 9　变角度倾斜沉积金属 Al 纳米颗粒及其 SEM 观测像

　　进一步地,运用微加工工艺在沉积有 Al 纳米点阵列的完整深紫外 LED 结构上制备欧姆接触电极。器件的电致发光(electrolumine-scent,EL)数据表明,室温下当注入电流为 15 mA 时,紫外 LED 电致发光谱中主波长为 279 nm 的有源层发光,其峰值半高宽约为 175 meV,如图 10 所示。表明了深紫外 LED 具有较高结晶质量、良好的欧姆接触。器件 EL 比未沉积金属 Al 纳米点阵的紫外 LED 得到显著增强,通过 LSP 与紫外 LED 多种模式的光波相匹配、耦合,大幅提升了有源层的出射光强。为了更直观地考察 LSP 作用前后器件出射光随波长的变化趋势,我们比较了沉积后与沉积前的 EL 强度,即 EL 增强比。如图 10 谱线所示,EL 增强比谱线显著不对称,随波长减短而快速增大,在波长 268 nm 处达到最高;而后因耦合强度的减弱而迅速下降,在主发光波长的 279 nm 处,增强因子约为 6.1。

　　结果显示,通过改善与深紫外 LED 发光波长的匹配,成功实现了 LSP 与紫外光波更好地耦合转换匹配,相比 SPP,更大幅度地提升了紫外 LED 器件的光抽取效率。

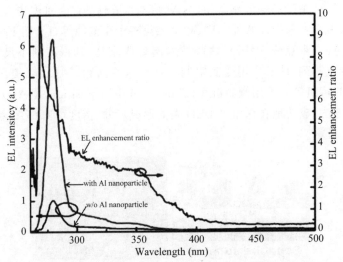

图 10 沉积金属 Al 纳米点阵(平均尺寸约为 16 nm)前后紫外 LED 器件
收集的 EL 谱及其增强比与波长的相互关系

四、SP 增强发光 ZnO 纳米结构

与 AlGaN 材料相比,ZnMgO 材料具有近似的禁带宽度和更大的激子束缚
能,是一种优秀的潜在紫外发光材料。2013 年,康俊勇教授研究组的臧雅姝等
人利用自组装纳米球刻印的方法获得了 ZnO 的空心纳米球(ZnO HNS)阵列,
并通过沉积退火的方法在 ZnO HNS 顶端获得了与 ZnO 紧密接触的 Ag 纳米球
(Ag NB)。其流程如图 11 所示。

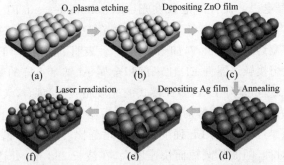

(a)滴涂法在清洁的硅或蓝宝石衬底上自组装单层的 PS 纳米球阵列;(b)等离子体刻蚀调控
PS 纳米球阵列的尺寸和间隙;(c)沉积 ZnO 薄膜并获得 PS 核/ZnO 壳层结构;(d)在氮气环境中
进行 500℃退火处理获得 ZnO HNS 阵列;(e)沉积 Ag 薄膜包覆在 ZnO 空壳阵列外层(Ag film/
ZnO HNS);(f)激光退火获得的 Ag NB/ZnO HNS 阵列

图 11 采用激光退火方法在自组装氧化锌阵列结构上制备银纳米球阵列

其结果如图 12 所示。

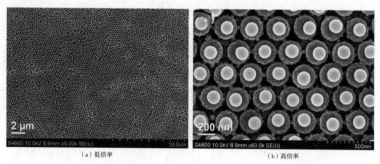

（a）低倍率　　　　　（b）高倍率

图 12　Ag NB/ZnO HNS 复合纳米阵列结构的 SEM 图

　　CL 数据表明，与 ZnO 空心纳米球相比，Ag NB/ZnO HNS 在紫外 3. 31 eV 处的带边发光被大幅增强，如图 13（a）所示。进一步的时间分辨光致发光谱表明［图 13（b）］，Ag NB 与 ZnO HNS 中激子耦合可大幅提高自发辐射复合速率是发光增强的主要原因。

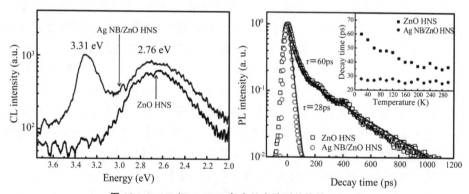

图 13　Ag NB/ZnO HNS 复合纳米阵列结构的 SEM 图

结语

　　针对目前紫外发光材料与器件效率不高的问题，厦门大学半导体专业研究组创新性地将常用于可见光波段的 SP 增强技术引入以 AlGaN、ZnO 为发光材料的紫外光波段中，并结合材料特征，获得了多种高发光效率的紫外发光材料和器件，进一步推动了我国紫外固态光源的发展。

纤丝如织网如纱

——超细铜纳米丝网络的大千世界

蔡端俊

提起中国人最早的独创发明,丝绸当首算一个。上古传说中嫘祖养蚕取丝历史悠久,"黄帝居轩辕之丘,而娶于西陵之女,是为嫘祖"(见《史记·五帝本纪》)。又"西陵氏劝蚕稼,亲蚕始于此。"(见《通鉴外纪》)。到了西汉,中国的丝绸产品已经大量销往欧洲,并打开了中西贸易的大通路,也就是后来德国著名地理学家李希霍芬(Richthofen)所提出的"丝绸之路"。而西方人一直到公元6世纪的罗马帝国时期,才学会养蚕缫丝,也就是说,丝绸技术足足被中国人垄断了七八百年。可见古代中国人的技术曾经是多么精湛绝伦。包括丝绸在内,中国人总是善于用高明的技术来转化廉价原材料为高级产品而创造巨大利润,比如陶瓷和茶叶,这些技术都以独占优势甩西人于千里之外。到明代中晚期,中国凭借这三大支柱优质产品为主的巨额外贸顺差,几乎赚尽了世界上一半以上的白银,成为首善之邦。那时,"中国制造"绝对是精湛技术和奢侈产品的闪亮标签,连法国人都不得不在产品上打上"中国"符号来造假获利。但是,从历史中走出来,我们不得不迅速收起笑容,因为"Made in China"到如今已然沦为仿冒和劣质品的代名词,变成巨大的耻辱。

以史为鉴,荣衰转变的关键性杠杆已经很明显了,就是"技术"(technology)主权的归属。面对虚胖大国的体虚式繁荣,举国上下放眼观之,从科学界到技术界,从技术界到商业界,从商业界到工业界,一片电商脑热,仿冒伪劣、粗制滥造、概念骗局、名家骗局,浮夸自大之风盛行不衰,恰恰映照出了衰弱的中国技术本体。一个不知沉下心来锤炼扎实工艺、创发自主技术的国家,前途永远毫无光明可言。有一天,哪怕要两千年之后,中国能够重返丝绸时代的辉煌,那确是我们真心的愿望。

说起了丝(silk),那真是上天给予人们的美妙物件,柔软而纤细,光滑且绵长,正是这样特别的结构赋予了这种材料极其优异的性能。正所谓结构决定功能也。在现在的纳米材料世界里,这样的结构是否也有美妙的功能呢?我想谈一个我们遇到的有趣的故事。

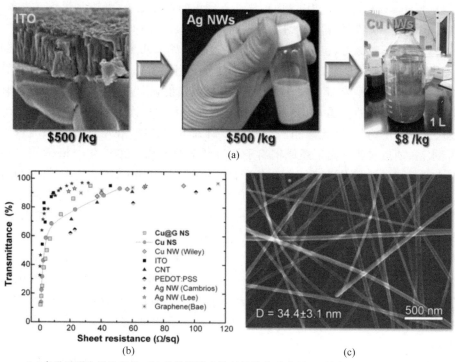

(a)先进透明电极的发展；(b)各类透明电极材料性能比较图(透射率 vs 方块电阻)；(c)Cu 纳米线网络 SEM 图

图 1　透明电极材料研究进展

随着信息和能源时代的到来,各种新型光电器件得到研发并投入应用,如平板电视、电子纸(electronic paper)、智能手机、触摸屏、有机太阳能电池等。在这些光电子器件上往往都需要运用一层既不阻挡光透过又能使电荷传输的导电薄膜,也就是透明电极。当前,研究前沿的透明电极材料包括透明导电氧化物、金属网格、金属纳米线网络、石墨烯等。目前,在工业应用尺度上性能最佳的透明电极材料仍是铟锡氧化物(indium tin oxide,ITO),它具有低电阻、高透光率的优势(电阻为 10 Ω/sq 时光透过率达到 90%),但致命缺点是 In 的稀缺性和它令人头疼的昂贵价格,寻找新型透明电极来替代 ITO 成为当前研究追求的重要目标。环顾各种新型材料,我们发现,聚吩系列有机材料中的 PEDOT:PSS 在低阻区域的性能仍无法与传统 ITO 抗衡,而碳纳米管的性能受限于很高的结电阻,生长中晶粒边界、褶皱形成、低载流子浓度、工艺繁复等问题则在一定程度上限制了石墨烯材料在半导体光电器件上的广泛应用。金属纳米线电极被认为性能和价格优势最大,其中,银(Ag)纳米线的性能已经逐渐赶上 ITO,但由于银为贵金属，其价格降幅仍然有限；相较之下，铜（Cu）由于其电阻率（1.59 n$\Omega \cdot$ m）与银（1.70 n$\Omega \cdot$ m）非常相近，而价格还不到银的百分之一，再加上制备方法多、材料成本低等优势，使得 Cu 纳米线的地位日益显现。

经过多年的努力，包括我们研究组在内的世界上几个重要的研究组已经陆续取得 Cu 纳米线方面的迅速进展。2003 年，美国的 Yang 课题组采用化学气相法以 Cu(OH) 纳米带为前驱体，通过电子束辐射，原位热还原制备了包裹有碳层和纳米颗粒的多晶 Cu 纳米线。由于气相沉积法成本较高，得到的 Cu 纳米线尺寸分布不均匀，因此液相法受到许多研究者的青睐，在溶液体系中通过水热、水浴、油浴或者常温下还原铜离子而得到铜纳米线。2005 年，Shi 等人采用十八烷基胺（ODA）作为还原剂制备了直径为 30～100 nm 的 Cu 纳米线。同年，Chang 等报道以乙二胺（EDA）作保护剂，在低温水浴条件下利用水合肼还原 Cu^{2+} 得到高产量的直径为 90～120 nm，长度为 40～50 μm 的超长 Cu 纳米线。2006 年，Zhang 等人则在 120～160 ℃ 的水热反应条件下，以维生素 C 作为还原剂，还原 Cu^{2+} 制备了 Cu 纳米线。2011 年，美国杜克大学的 Wiley 教授研究组通过水合肼液相还原制备了直径为 90 nm 的 Cu 纳米线，并进行了涂覆和电学性能测试，得到透过率为 67％时方块电阻为 61 Ohm/sq 的铜纳米网格；到 2012 年，他们又将纳米线的性能进一步提升到透过率为 94.4％时方块电阻为 60 Ohm/sq。

2012 年开始，我们就一直在思考铜纳米线结构优化和生长自限制效应的问题，想方设法要使 Cu 纳米线的结构更优。我们的一个理解是，纳米线的结构只有像"丝"那样既细又长，既柔韧又光滑，才能得到最棒的性质。因为，作为透明电极，顾名思义，就是既要透明，又要导电。如果纳米线够细，它所构成的网络中的空隙占空比也就越大，光便可以从这些根本空隙间透射而过，获得更高的透射率；如果纳米线够长，我们就只需要很稀疏的纳米线网络，就能在更大面积上获得更好的电导。道理清楚了，但技术的实现却很艰苦，经过反复的尝试，偶然间我们弄清了一个钝化剂所造成的表面限制效应的机理，这对我们帮助很大。当我们以 Ni^{2+} 为催化剂在油胺中合成铜纳米线时，加入氯化铜作为反应剂，发现 Cl^- 很容易吸附在铜纳米线的侧壁表面，变成它的侧壁钝化剂，从而可以有效限制 Cu 纳米线的粗细，使它保持一个苗条而纤长的身材。就这样，我们竟然成功合成了世界上直径最细、长径比最高的 Cu 纳米线（直径 13～16 nm，平均长度超过 40 m）。用它做成的透明导电薄膜，光电性能达到透射率 93％时方块电阻为 51 Ohm/sq。为了纪念蚕丝给我们的启发以及作为中国人对丝绸的那份自豪，我们决定不用常见的纳米线（nanowire）这个名字，而是把这种超细的 Cu 纳米线命名为"铜纳米丝"（Cu nanosilk）。

超细铜纳米丝的研究获得成功后，很多问题便迎刃而解。我们成功将透明电极应用于我们最擅长的氮化物 LED 领域,实现了同时与 n-GaN、p-GaN 导电层的欧姆接触性能,并制备了世界上首颗铜纳米丝透明电极的蓝光 LED 芯片。由此为开端,我们发现铜纳米丝网络所构成的薄膜,不仅仅是一张透明如纱的网,它的整套合成技术犹如建立了一个美妙的纳米世界新平台,平台在兹,世界在兹,在它上面就如同在佛教的莲花台上,可以构筑出变化多样的坛城,多姿又多彩。

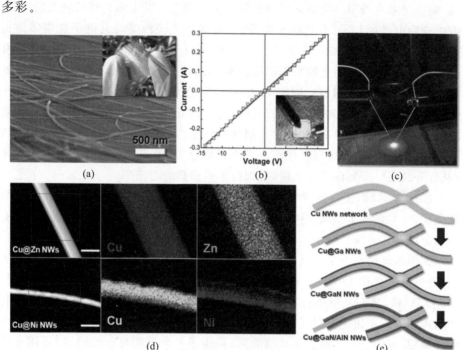

（a）Cai 研究组超细超长 Cu 纳米丝网络 SEM 图,插图:柔性透明导电薄膜;（b）Cu 纳米丝透明电极与 N、P-GaN 呈现线性 *I-V* 曲线特性,实现欧姆接触,插图:LED 芯片;（c）Cu 纳米丝蓝光 LED 发光测试图;（d）金属包裹 Cu 纳米丝 TEM 图及元素扫描图;（e）半导体包裹异质壳层 Cu 纳米丝技术路线示意图

图 2　铜纳米丝及其应用

为了克服铜纳米丝容易氧化的问题,2014 年,我们利用低压化学气相沉积(chemical vapor deposition,CVD)技术,在超细 Cu 纳米丝上直接生长包裹 3D 石墨烯薄膜,形成石墨烯包裹的 Cu 核壳结构纳米丝网络,实现 Cu 纳米线的强抗氧化性,更妙的是,同时提升其性能至 92% 时方块电阻仅为 37 Ohm/sq。2015—2016 年,为了让铜纳米丝适应更为广泛的光电器件体系,我们基于纳米丝平台,提出一锅法快速合成超细核壳结构合金/Cu 纳米线技术,最终直径仍保持在 30 nm 左右,表面平整度<0.3 nm,采用有机盐成功将各类金属如 V、Ti、Ni、Ag、Zn 等金属及其二元、三元合金包裹于 Cu 纳米线表面,并制作柔性透明

电极,且保持与纯 Cu 纳米线相当的高性能(透射率 90％时电阻为 45 Ohm/sq),如图 2(d)所示,为目前报道中最细、最均匀且质量最佳的核壳合金 Cu 纳米线。由于可以非常灵活地包裹各种金属,我们可以对纳米丝进行自如的改性,需要什么性质的金属性质,就包裹什么样的金属。例如,为了制成深紫外 LED 的透明电极,我们利用 Ni 或者 Pt 包裹的铜纳米丝网络,成功制成透明深紫外 LED 芯片,解决了紫外透明导电材料极难获得的重大难题。其中的物理机制很简明,一般的透明电极如 ITO、有机高聚物等,其高通透光波段都与其电子能带带隙的宽度有关,带隙越宽,则可以透过的光波波段越广,但是无论如何,只要有带隙和能级的存在,总有强烈光吸收的波段范围,也就是存在着透光的盲区。铜纳米丝则不同,它是靠网络间的空隙来透光的,空隙意味着"空无一物"。这正是老子《道德经》所谈的"无"与"有用"的辩证道理,"埏埴以为器,当其无,有器之用",意思就是,因为什么都没有,却有了大用处啊! 铜纳米丝的空隙正因为没有任何物质,它便无所受限了,可以对任何光都不产生吸收,形成适用面极广的透明导体(从红外波段一直到深紫外波段,都保持了平而高的透光率)。

2017 年,我们正在进行的研究是不仅要能包裹金属,还要能包裹各种半导体壳层,一旦形成了金属-半导体的纳米丝形态,那它就不只是导电网络了,还有可能制成发光薄膜甚至显示薄膜等,那就更加妙趣横生了。

铜纳米丝还有一个妙曼之处:它的制成是溶液法,因此可以得到液态的油墨,既可以工业化大规模生产,又可以和打印技术结合制作超大面积的薄膜。2016 年以来,我们从喷墨打印机开始研究,目前已经和 3D 打印机巧妙结合,利用超声喷涂技术快速喷制任意大尺寸和形状的薄膜。同时制作了柔性透明加热除雾薄膜,可用于汽车前挡风玻璃除雾;制作了彩色透明导电纺织绒,可用于设计智能服饰,实现给人体加热、照明等功能;制作柔性透明触摸控制屏,等等。

所谓大千世界,真是在层叠交错之间腾挪出千姿百态,不一而足,就此搁笔。最后我想说,如果丝绸是一种机缘,纳米丝也许就是纳米时代的新的中国丝。我们所做的事都很渺小,未及发宏愿,我们自不愿意跟随大家疯狂地醉心于做所谓宏大事业,但愿只做默默无闻之小事。积沙汇流,点滴而不嫌其少,寸厘也不恨其短,或可成湖海。

致谢:我要特别感谢我的学生郭惠章、林娜、徐红梅、王华春、黄友杨等人,感谢他们这数年中在一系列铜纳米丝研究课题中的努力和贡献。

打开金属导电的带隙

吴雅苹　张纯森　李孔翌　周颖慧

随着材料制备技术和表征测试手段的发展,人工二维晶格作为一种全新的材料体系应运而生[1,2],其独特的二维结构以及丰富优良的物理性质引发了科研工作者们极大的研究热情[1-4]。目前,诸如 Hofstadter 分形蝴蝶[1,2]、可调拓扑绝缘态[1]、光子 Landau 能级[4]、赝磁场[1]等难以证实的理论预言和新奇的物理现象均在人工二维晶格中得以实现并观测。相对半导体和绝缘体材料而言,金属作为一种富有延展性、可塑性的物质,在构建人工二维晶格方面具有得天独厚的优势。传统金属中的价电子倾向于脱离各自的原子,在整个体系中自由运动,从而具有高电导率和热导率,表现出零带隙特征。然而,人工二维晶格因其人工组装的特点,为材料的构建提供了深入原子尺度的调控权限。试想,如果能将金属原子或者团簇排列成犹如光子晶体一般的二维晶格,或许可以获得类似光子晶体的传播带隙;倘若再进一步选择性地打开和调控其带隙结构,赋予金属材料全新的信息处理功能,不仅将开启认知各种新奇物理现象的大门,更为各种已知物理性质的深入解析与自由调控提供了广阔的平台。

怀着美好的憧憬,厦门大学半导体人开始了漫长的探索之路。要构建稳定有序的人工二维晶格,并观测其原子结构和晶格对称性,首先必须解决超高真空外延和原位扫描探针显微这两项关键性技术难题。为了更快地迈向目标,课题组决定派出研究生周颖慧到北京中国科学院物理研究所薛其坤院士的研究组进行为期三个月的学习。薛其坤院士作为表面物理学、表面显微分析等领域的专家,在低维纳米结构的生长控制、扫描隧道显微技术方面积累了丰富的研究经验,在他的热心指导下,周颖慧在较短时间内很快掌握了超高真空制备表征技术。在回到厦门大学不久后便在组内搭建的分子束外延－扫描探针显微(MBE-STM)联合系统上探索人工二维 Au 晶格(two-dimensional Au lattices)的制备,通过摸索、优化实验参数,一次次地比对、分析、讨论实验结果,利用 Si (111)-7×7 周期性衬底模板中半单胞吸附势阱的限制作用,终于成功生长出了

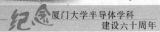
大面积的 Au 全同量子点二维晶格，并采用 STM 技术观测到其长程有序的晶格结构，如图 1 所示。

图 1　二维 Au 晶格的 STM 形貌图

　　人工二维 Au 晶格的成功制备给予了大家莫大的鼓舞，与此同时，大家也迫切渴望了解如此排列完美的蜂窝状二维晶格究竟有着怎样的原子结构？带着这样的疑问，课题组吴雅苹利用高能反射式电子衍射仪（reflection high-energy electron diffraction，RHEED）对倒格矢空间原子结构的表征、STM 对实空间形貌的表征以及第一性原理总能计算对原子结构稳定位置的模拟，深入研究了二维晶格生长的各个阶段及结构演变模式（图 2）。一次次的样品清洗、传递、闪硅、沉积、扫图、RHEED 表征；多少个夜晚，走出亦玄馆实验室的大门，行人几无，繁星满天。就这样，我们首先厘清了单个 Au 原子在 Si(111)-7×7 表面的稳定吸附；在稍微增加沉积量之后，我们发现多个 Au 原子会在 Si(111)-7×7 表面半单胞内聚集形成稳定的幻数团簇，其中每 6 个 Au 原子和 3 个 Si 原子结合形成 Au_6Si_3 的团簇结构，这些团簇表现出了不同于 Si(111)-7×7 表面的半导体性质；再增大沉积量之后，Au 团簇将铺满整个 Si(111)-7×7 表面，形成第一层 Au/Si 团簇。在这个过程中 Si(111)-7×7 表面半单胞起到限制并形成全同Au/Si团簇的作用。在单层的 Au/Si 全同团簇上方继续沉积第二层 Au 原子之后，我们惊喜地发现了对应于二维 Au 晶格的 RHEED 特征衍射峰［图 2(g) 灰色箭头］，此特征峰的出现暗示着二维 Au 晶格具有相对独立且独特的性质特征。进一步地，我们通过比较分析特征衍射条纹与衬底 Si(111)-7×7 衍射条纹间距间的关系，最终确定了二维 Au 晶格原子结构：Au 原子以密堆积的方式排布于第一层 Au/Si团簇之上，形成了由限制于半单胞内的幻数 Au 原子周期排列而成的二维 Au 晶格。

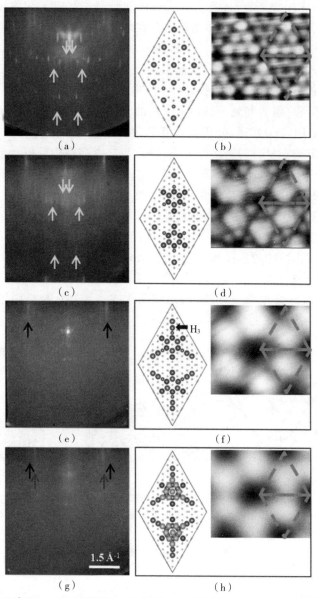

（a）　　　　　　　　　　（b）

（c）　　　　　　　　　　（d）

（e）　　　　　　　　　　（f）

（g）　　　　　　　　　　（h）

Si(111)-7×7 表面(a)，以及沉积了 0.2 ML(c)、0.4 ML(e)、0.8 ML(g) Au 原子的 RHEED 图像。白色箭头标示出沉积了 Au 原子后 RHEED 图像衍射强度的变化过程。(b)、(d)、(f)和(h)分别是对应的结构模型以及 STM 图像。STM 图像中三角形标示了 7×7 单胞，灰色小球、灰色大球、黑色大球和浅灰色大球分别代表 Si 剩余原子、Si 顶戴原子、第一层 Au 原子以及第二层 Au 原子

图2　不同 Au 原子覆盖度的 Si(111)-7×7 表面结构与形貌演变

厘清了二维 Au 晶格的原子结构之后，张纯淼进一步利用扫描隧道显微谱

(scanning tunneling spectroscopy,STS)详细研究了其电子和输运性质。利用扫描隧道谱分析发现,二维 Au 晶格中存在着非对称的宽导电带隙。而且这种带隙仅存在于具有完整结构的二维晶格中,如图 3(a)所示。在人工二维 Au 晶格中成功实现带隙的开启,这一结果无疑让人为之振奋。就这一实验结果,我们及时请教了指导教师康俊勇教授,并与之展开了积极的讨论。在康老师的指导下,我们利用研究组研究光子晶体常采用的时域有限差分理论(finite-difference time-domain,FDTD)建模,分析其微观物理机制。计算结果发现,这一非对称宽带隙不仅取决于材料的表面电子态,而且与二维晶格中载流子的输运特性有关。隧穿的电子以 de Broglie 波的形式在二维 Au 晶格中传播,当电子能量较低时,电子局限于中心区域,传播受到阻塞,形成了传播带隙;而当能量足够高时,电子呈现明显的向外输运特征,而且其输运行为受到二维晶格结构的调制,呈现出明显的六度对称性,如图 3(b)所示。换言之,二维 Au 晶格对于不同能量载流子的传输呈现出特殊的选择和过滤功能,表现出了独特的宽传输带隙,而正负偏压对应的电子与空穴有效质量的不同造成带隙的非对称性,这一理论分析与STS 谱的带隙测量结果高度吻合,厘清了人工二维 Au 晶格中宽导电带隙的起源。

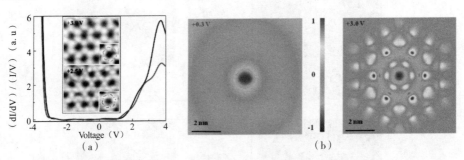

(a) 二维 Au 晶格的归一化 dI/dV 曲线,黑色和灰色曲线分别取自相应于衬底表面层错和非层错半单胞的位置;插图为不同偏压下的 STM 图像(20 nm×20 nm)对比;(b) 不同能量范围内电子在二维 Au 晶格中的输运概率分布模拟图

图 3 二维 Au 晶格对不同能量载流子的传输选择

为了完善这一工作,屏蔽来自衬底信号的干扰,实现对二维 Au 晶格输运特性的直接表征,课题组李孔翌在总结以上工作的基础上进一步引入"双探针技术",将电流通路由原来的"针尖+隧道结+二维 Au 晶格+Si 衬底+电极"调整为"针尖+隧道结+二维 Au 晶格+电极(P1)",剔除了衬底信号,还原了二维 Au 晶格本征的输运特征。如图 4 所示,在双探针 STS 微分电导谱中,我们除了观察到与单探针测试结果相似的宽带隙外,输运电导的面内角分布还出现了六度对称的星形图案,其中空穴载流子的输运各向异性较为明显,带边随输运方向

的不同而发生起伏,Γ-K 方向带隙较小,Γ-M 方向带隙较大。

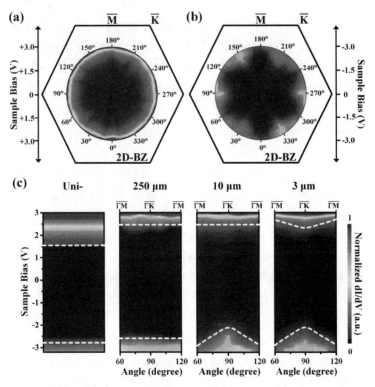

(a)电子与(b)空穴在二维 Au 晶格中的输运电导面内角分布,两探针间距均为 10 μm。图中六角外框代表表面布里渊区,极坐标中角度方位可依此对应 k 空间方位;(c)不同输运路程长度下(3 μm、10 μm、250 μm)的电导角分布变化,"Uni-"为单探针电导谱,为了便于比较而绘制成(不具备角度分布的)等高线图。图中白色虚线用以指示带边位置,$\overline{\Gamma K}(\overline{\Gamma M})$代表在 k 空间中沿 Γ 到 K(M)的方向传播

图 4 双探针 STS 的角度分布与路程分布

通过大量的文献搜索,我们发现这一有趣现象可以通过非平衡 Lorentz 气模型来解释[1]。类似于非平衡状态下的 Lorentz 气,表面横向电场的存在使二维 Au 晶格中的载流子不仅受散射,还受特定方向的电场作用。在弱场强下,原来无序的载流子运动轨迹在电场"牵引"下出现了定向位移。随着电场强度的继续增加,"牵引"作用持续增强,载流子受到的散射次数降低,逃逸出阵列的概率随之上升。当其逃逸概率上升到特定值时将被 STM 探针"感知",从而在 STS 谱上开始显示该偏压下相应的电导值。当继续增加到特定场强时,载流子散射后的轨迹不再杂乱无章,呈现出稳定、周期性、有迹可循的运动轨道[2]。二维 Au 晶格中的角洞作为散射中心,对于被"牵引"的载流子相当于松散分布的"量子围

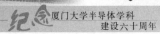
栏"(quantum corral)[3],因此,完整的二维 Au 晶格呈六度对称的"超扩散"输运分布。

经过与康老师多次的讨论研究,我们拓展思路,进一步设想在二维 Au 晶格的基础上再沉积 Au 原子,实现局域超原子以及耦合超原子的构建,以期最终形成以超原子共振态作为输运调控"开关"、所修饰 Au 岛尺寸作为调控"旋钮"的可调共振输运!于是,我们首先尝试较小沉积量,使 Au 原子沉积位主要在角洞位或 Au 晶格上方,角洞散射体被零散且随机消除,总密集度降低。此时,在微分电导谱上确实观察到预期的带隙收缩的特征。我们进而增加 Au 的沉积量,角洞散射体被沉积消除总数增多,带隙进一步收缩直至完全闭合,呈现出金属性电导。更令人兴奋的是,相比之前平滑单调上升的带边线型,此时不同沉积量下的微分电导谱均在两侧带边附近各出现一个特征峰,且峰位间距随 Au 沉积量的增加而急剧收缩。拟合共振态随沉积量变化的函数发现,电导增强峰的位置随沉积量变化呈非线性移动,且很大程度上由输运路径上分布的"超原子"所决定,如图 5 所示。如果注入的载流子能量恰好处于超原子的共振态,在该超原子中运动的载流子将由之前的无规则运动主导转为周期性规则运动主导。共振状态下载流子可以快速通过超原子进入下一个区域,近乎无损地在 Au 晶格中传播,此时将探测到非常高的导电,且能量上展宽极小。若注入的载流子能量并不在所遇超原子的共振态上,此时在该超原子内无规则运动(或准周期运动)占主导,因此载流子将经历很长时间的混沌散射后方能逃逸出该区域,在能量分布上表现为损耗甚至抑制,最终探测到的电导也将很低,在 dI/dV 谱上以背景电导的形式表现。而最为常见的情形则是以上两种情形的结合,即传播路径上分布着多种类型的超原子,最终输出的 dI/dV 谱型表现为带隙收缩且带边出现共振增强峰,如图 6 所示。依此,我们尝试构建耦合超原子,以实现人工二维 Au 晶格的可调共振输运。

通过调整不同的 Au 沉积量,实现耦合超原子的受控生长,并在相当宽阔的能量区间内操控载流子以共振形式进行快速无损地输运,且连续可调。这一特性一改金属原本无带隙的特征,神奇地打开了传播带隙的大门,对各种能量的载流子有选择性地输运,并在大尺寸范围实现自由调控,为人们认识和改造自然提供了全新的方法。

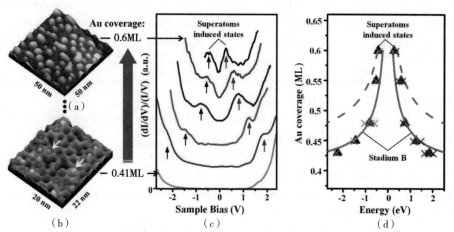

（a）覆盖度为 0.6 ML 时的 STM 表面形貌图。（b）覆盖度为 0.41 ML 时的 STM 表面形貌图，白色箭头指示多余 Au 团簇可选择沉积于角洞位或晶格上方。STM 扫描条件均为 2.5 V,0.1 nA。（c）沉积量由 0.41 ML 增至 0.6 ML 的过程中双探针 dI/dV 谱的演化，灰色与黑色箭头分别标识电子与空穴输运共振峰的移动。（d）共振峰位随沉积量变化的拟合结果，灰色与黑色三角对应（c）图中的实验所测共振峰位

图 5　受"超原子"调控的共振输运

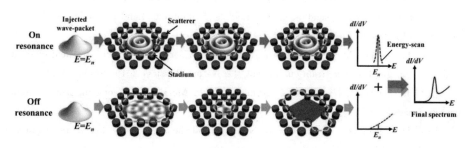

说明：环状共振波纹表示当流入载流子能量处于超原子共振态时，在该超原子内的运动轨迹将按周期性轨道共振运动，探测到的电导值较高；振幅极弱的干涉波纹表示当能量不处于该超原子共振态时，其运动处于准周期性轨道或混沌轨道，探测到的电导值较低

图 6　共振输运与非共振输运的原理示意

参考文献

[1] M. Polini, F. Guinea, M. Lewenstein, H. C. Manoharan, V. Pellegrini. Artificial honeycomb lattices for electrons, atoms and photons[J]. Nature Nanotechnology, 2013, 8(9): 625-633.

[2] L. Bartels. Tailoring molecular layers at metal surfaces[J]. Nature Chemistry, 2010, 2(2): 87-95.

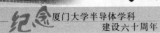
［3］A. H. Castro Neto, F. Guinea, N. M. R. Peres, K. S. Novoselov, A. K. Geim. The electronic properties of graphene［J］. Reviews of Modern Physics, 2009, 81(1): 109-162.

［4］A. K. Geim, K. S. Novoselov. The rise of graphene［J］. Nature Materials., 2007: 183-191.

［5］A. N. Grigorenko, M. Polini, K. S. Novoselov. Graphene plasmonics［J］. Nature Photonics, 2012, 6(11): 749-758.

［6］F. Bonaccorso, Z. Sun, T. Hasan, A. C. Ferrari. Graphene Photonics and Opto-electronics［J］. Nature Photonics, 2010, 4(9): 611-622.

［7］B. Hunt, J. D. Sanchez-Yamagishi, A. F. Young, M. Yankowitz, B. J. LeRoy, K. Watanabe, T. Taniguchi, P. Moon, M. Koshino, P. Jarillo-Herrero, R. C. Ashoor. Massive Dirac Fermions and Hofstadter Butterfly in a van der Waals Heterostructure［J］. Science, 2013, 340(6139): 1427-1430.

［8］C. R. Dean, L. Wang, P. Maher, C. Forsythe, F. Ghahari, Y. Gao, J. Katoch, M. Ishigami, P. Moon, M. Koshino, T. Taniguchi, K. Watanabe, K. L. Shepard, J. Hone, P. Kim. Hofstadter's butterfly and the fractal quantum Hall effect in moiré superlattices［J］. Nature, 2013, 497(7451): 598-602.

［9］O. P. Sushkov, A. H. Castro Neto. Topological insulating states in laterally patterned ordinary semiconductors［J］. Physical Review Letters, 2013, 110(18): 186601.

［10］M. C. Rechtsman, J. M. Zeuner, A. Tünnermann, S. Nolte, M. Segev, A. Szameit. Strain-induced pseudomagnetic field and photonic Landau levels in dielectric structures［J］. Nature Photonics, 2012, 7(2): 153-158.

［11］F. Guinea, M. I. Katsnelson, A. K. Geim. Energy gaps and a zero-field quantum Hall effect in graphene by strain engineering［J］. Nature Physics, 2010, 6(1): 30-33.

［12］J. Lloyd, M. Niemeyer, L. Rondoni, G. P. Morriss. The nonequilibrium Lorentz gas［J］. Chaos, 1995, 5(3): 536.

［13］H. Odbadrakh, G. P. Morriss. Nonhyperbolic behavior in the thermostated Lorentz gas［J］. Physical Review E, 1999, 60(4): 4021-4026.

［14］M. F. Crommie, C. P. Lutz, D. M. Eigler. Confinement of Electrons to Quantum Corrals on a Metal Surface［J］. Science, 1993, 262(5131): 218-220.

追光的梦想

陈理想

　　光是非常有趣的,因为我们尚未完全知道它究竟是什么,它的一些属性仍令人捉摸不透。现代物理学理论已经普遍认为,光具有波粒二象性,即它不仅具有电磁波的宏观属性,如频率(ν)、波长(λ)、偏振态(σ)和相位(φ),也具有粒子的微观属性,如能量(E)、动量(p)、自旋角动量(S)和轨道角动量(L)。早在1905年,爱因斯坦就提出了"光量子"理论,认为光的能量是一份一份的,每一份能量叫作"光量子",简称"光子",并利用公式,$E = h\nu$,将微观单个光子的能量和宏观电磁波的频率联系起来。德布罗意进一步提出了"物质波"思想,认为"任何物质都伴随着波,而且不能将物质的运动和波的传播分离开"。他也用了一个简洁而优雅的公式 $p = \dfrac{h}{\lambda}$ 将描述微观粒子属性的动量和描述波动属性的波长用普朗克常数巧妙地联系起来。那么,我们能否将单个光子的自旋和轨道角动量这两种不同的微观自由度也和电磁波的某些宏观属性有效对应呢? 答案是可以的。

　　事实上,光子角动量的研究具有悠久的历史,至少可以追溯到1909年,当时Poynting就意识到光具有角动量——自旋角动量,并率先将光的自旋角动量与光波的偏振态联系起来。但直到1992年,荷兰Leidon大学的Allen等人才在理论上确认光子也可以携带另外一种形式的角动量——轨道角动量,它来源于光波的螺旋相位。他们发现具有相位结构 $\exp(i\ell\varphi)$ 的光场,其中 φ 是方位角,如拉盖尔-高斯光束,平均每个光子携带 $\pm\ell\hbar$ 的轨道角动量,其中 ℓ 是任意整数。目前光子轨道角动量已成为国际光学领域的一个研究热点,在基础物理、应用物理以及天文、生物等交叉学科的研究中都具有重要的应用价值。而光子轨道角动量量子调控也正是我们量子光学实验室的主要研究方向。目前已然是国际上量子信息前沿研究的一大亮点和热点。

　　我在中山大学攻读博士期间就开始接触光子角动量这一前沿研究,但主要

集中于角动量光束经典操控的理论研究。2009 年,我获得了国家留学基金委资助,以联合培养博士生的身份前往英国格拉斯哥大学 Miles Padgett 教授研究组访问交流。Miles Padgett 教授领导的实验室是国际上关于光子角动量量子调控研究的最顶尖研究机构。在此期间,我理论联合实验,系统而深入地学习了光子轨道角动量量子调控的实验研究方法,特别是参与并掌握了具有国际上一流水平的相关实验平台的搭建、调试与测量工作。这次留学英国的经历对我此后从事光子角动量相关领域的科学研究来说可谓获益匪浅!在英国期间,我就开始给我们学院的吴晨旭院长写邮件,表达了自己毕业之后想到厦门大学工作的期望。吴院长随即回复了我的邮件,并将邮件转给了当时的物理学系赵鸿主任。赵老师当时也给我提出明确的要求,希望我今后应聘厦大,必须能独立建设一个以实验科学为主的课题组。他对我的这个期望深深鼓舞了我,也鼓励了我在英国投入更多的时间和精力到量子光学与量子信息的实验研究中。在英国前前后后大约一年时间里,我居然连离格拉斯哥只有一小时火车车程的苏格兰首府爱丁堡都没去过。时间去哪了?是的,都留在了格拉斯哥大学的实验室。

另外,在英国期间,我早就了解到厦大物理系形成了诸如理论物理、凝聚态物理、光子学、微电子学等特色鲜明的学科群。特别是半导体学科,在人才培养、平台建设、科研产出等方面都取得了非常瞩目的成就。其中,建于 2002 年的半导体光子学中心,以 GaN 基、SiGe 基、ZnO 基等材料生长为基础,以量子阱低维结构为途径,以光电子器件和集成芯片为目标,在晶体结构、电学及光学特性表征建设了一批具有国际先进水平的实验仪器和研究平台,在国内外相关领域和行业中取得了一系列具有重要影响力的科研成果。而这些信息的了解,更进一步坚定了我想要到厦大物理学系工作的信念,我相信在如此一流的科研平台上一定能实现我追逐光的梦想。

2010 年 6 月,博士一毕业后我就被厦门大学物理学系破格聘任为副教授,按照学院和物理系要求,开始独立建设量子光学实验室。物理系的办公室和实验室空间一直都非常紧张,但还专门给我腾出了一间将近 30 平方米的实验室,这也得益于刘守教授的无私支持。学院吴晨旭院长和物理系领导们的宝贵支持,让单枪匹马的我能一直保持着满满的信心。特别是在当时我们凝聚态支部书记陈主荣老师的亲自指导和帮助下,我对实验室进行了重新装修和布局。在李书平副主任(现副院长)的指导帮助下,顺利完成了实验室核心设备大功率激光器的论证及商务谈判、采购,还顺利购置了大型光学平台、空间光调制器等基本实验设备,实验室初现雏形。在此过程中,令我十分感动的是陈金灿老院长、帅建伟教授、杨志林教授、蔡伟伟教授等老师无私地将他们个人的项目经费转借给我,才让我又比较顺利地购置了实验平台建设所必需的其他一些重要仪器。我感觉这不仅仅是科研经费上的支持,更是精神层次上的一种鼓励!

2014 年,随着学院整体搬迁到海韵园校区,我们的实验室也抓住机遇,对相关平台进行了建设、升级和完善。实验室的各项工作也开始步入正轨,并相继发表了一些实验文章。例如,如何高效地分离光子的轨道角动量,近年来已成为国际上光学领域的一个重要研究方向,因为这在超大容量的光通信系统和高维的量子信息协议中具有重要的应用价值。针对这个问题,我们率先提出了通过模仿法拉第旋光效应的基本物理原理,实验演示了一种新颖而高效的光子轨道角动量分离技术。发现于 1845 年的法拉第效应描述的是这样一种现象:当一束线偏振光经过旋光晶体时,由于磁光效应诱导圆双折射,从而出射光的偏振态会旋转一定的角度。而我们通过巧妙设计一种新颖的马赫泽德干涉仪,用于操控光子轨道角动量与偏振态之间的耦合效应,让光子的偏振态也产生了类似法拉第效应的旋转;非常有意思的是,旋转过的角度又恰好完美地正比于入射光子的轨道角动量。例如:携带偶数和奇数轨道角动量的光子在经过干涉仪后,会分别获得水平和竖直的偏振态。因此,不仅在实验上成功分离了轨道角动量的单态和多重叠加态,还在国际上首次成功分离了携带分数轨道角动量的光学涡旋态。该工作正式发表后也得到了 World Scientific 旗下刊物 Asia Pacific Physics Newsletter 专文报道(research highlights),报道题目为 "Efficient Sorting of Optical Vortices by Orbital-to-Spin Angular Momentum Coupling Effect",特别指出,"Recently, a research group led by Prof. Lixiang Chen from Xiamen University in China devised and demonstrated a new experiment of mimicking Faraday rotation to sort the photon OAM efficiently"。编辑还对我们的工作进行了展望,指出该工作有望用于高速光通信系统中轨道角动量的复用,以及量子信息领域双光子自旋-轨道超纠缠态的操控。2015 年 3 月 16 日,"第十届全国激光技术与光电子学学术会议暨 2014 中国光学重要成果"发布会和颁奖典礼在上海举行。我们的工作"模仿法拉第旋光效应实现光子轨道角动量的高效分离"成功入选了"2014 中国光学重要成果"。据悉,中国激光杂志社举办的"中国光学重要成果"每年评选一次,旨在介绍中国光学领域的科研人员在国际著名物理学、光学期刊发表的具有重要学术、应用价值的论文,促进研究成果在国内的传播。从 2005 年创办以来,本活动得到了包括众多著名科学家在内的国内一流研究人员的肯定和支持,入选论文在一定程度上反映了我国光学领域当年取得的代表性成果,展示了我国光学界的科研实力。此次评选,共有包括上海光机所徐至展院士、南京大学祝世宁院士、深圳大学牛憨笨院士等 20 个课题组的研究工作入选。

另外,我们还在国际上首次提出了量子螺旋成像技术。基于双光子高维的轨道角动量纠缠态,我们在实验上实现了分数涡旋相位物体的非定域量子关联成像,并基于 Klyshko 图像中量子信道 Schmidt 数的实验测量,刻画了该系统所

具有的高维量子纠缠特性。该工作以 Research Article 形式发表在 Light：Science & Applications［2014(3)：e153］上。Light 是 Nature 出版集团旗下新办光学期刊，2015 年首次影响因子就高达 14.603，NPG 编辑专门为该文配发了题为"Quantum optics：Probing pure-phase objects"的 Research Summary，指出"Lixiang Chen and co-workers from China and Scotland used entangled photons to recover the spiral spectrum of an optical fractional phase vortex"。另外，在分数涡旋研究方面，我们还首次将分数螺旋相位板引入相衬成像技术中，实验实现了纯相位物体边缘增强的渐变效应，基于轨道角动量本征模分解思想解释了该效应的物理机理，该工作发表在 Nature 出版集团旗下刊物 Scientific Reports［2015(5)：15826］上。近年来，我们还致力于超高阶光子轨道角动量的制备、调控及应用，成功制备了量子数高达 120、240 和 360 的轨道角动量光束以及它们的三重相干叠加态，并利用改进的马赫泽德干涉仪和电子倍增电荷耦合组件(electron-multiplying charge-coupled device，EMCCD)，在实验上测量明亮多环晶格图样所包含的关于角动量量子数的信息［Physical Review A，2013(88)：053831］。我们还利用高达 $\ell = \pm 100$ 的轨道角动量实现了偏振可控的双光束干涉，深入研究了基于超大量子数轨道角动量的"路径实验"(which-way experiment)和"量子擦除实验"(quantum eraser)［Opt. Lett.，2014(39)：5897］。最近，构建了一组超稳定的模式转换器，实现了高阶拉盖尔高斯光束的高效检测，OAM 阶数高 100，并演示了分数角动量连续演化行为［Applied Physics Letters 2016(108)：111108］。这些研究在对研究量子力学的基本问题如波粒二象性及其在精密测量物理中的应用具有重要的意义。最近，我们还提出了一种高阶螺旋相衬技术，并基于此实验演示了在极弱光照条件下光学涡旋阵列的"点亮"和高效探测，该工作刚刚被 Wiley 旗下期刊 Laser & Photonics Reviews 接受发表。该技术在天文学及生物弱光探测领域将有重要的应用前景。所有这些代表性实验工作的发表，标志着我们已经圆满完成了量子光学实验室建设的阶段性任务。

2015 年，厦门大学还传来了一则令人欢欣鼓舞的消息，"半导体光电材料及其高效转换器件协同创新中心"成功入选了福建省 2011 协同创新中心。而我也有幸成为该研究中心的固定研究人员。该中心主动对接海西光电产业发展重大需求，通过"校、所、企"三重驱动，建立人才、学科、科研三位一体的协同创新机制，将为区域光电产业核心关键技术提供有力支撑。因此，在接下来的时间里，我们将抓住"半导体光电材料及其高效转换器件协同创新中心"建设的有利契机，进一步调整、提炼、优化我们实验室的相关研究方向。特别是利用协同创新中心在低维量子结构材料与器件、深紫外发光功能材料等领域的优势研究，将我们实验室在单光子及双光子轨道角动量调控等的特色研究与这些方向有效结合、交叉运用,争取早日在基于新型物理机制的大容量保密光通信、量子信息处理及传输等方向取得一些突破性的研究进展。另外,我们还将继续致力于光子角动量基本物理问题和量子纠缠调控及新型的高维量子信息协议的研究。因此,今后几年将主要规划如下 5 个主攻研究方向:①光子动量、自旋和轨道角动量的纠缠调控;②非线性光学超晶格中的级联非线性光学效应;③基于光子角动量的高维量子信息协议的实现;④基于超纠缠系统的量子关联成像的研究;⑤轨道角动量的复用解复用与高速光通信应用。轨道角动量是光子一个崭新的自由度,是实现高维量子体系的理想载体。我们实验室目前所取得的一些研究成果,既丰富了光子轨道角动量的基础物理理论,也为高阶轨道角动量在工程领域的应用研究提供了一些崭新的思路和视角。但是,轨道角动量的一些崭新的特性和独特的潜在应用,仍有待我们的继续思考和不懈探索。今后的几年时间,将是发展的关键时期,我们将继续迎接新的挑战,把握更多的机遇。在追光的日子里,我们将不忘初心,继续前进!

单芯片无荧光粉白光 LED 研究

方志来　申栖阳　吴征远　林友熙　宋鹏宇

陈航洋　刘达艺　李金钗　李书平

GaN 基蓝光 LED 的研发成功开启了半导体全彩显示的新时代。随着 GaN 基半导体蓝光 LED 发光效率的提升和价格的降低,蓝光 LED 激发黄光荧光粉所形成的白光 LED 正逐步取代白炽灯和荧光灯,进入通用照明领域,并在全球范围内形成一场固态照明革命。近年来,GaN 基 LED 技术的发展已涉及紫外、绿光乃至红光,使得高品质半导体白光 LED 光源的制备成为可能。厦门大学半导体学科开展白光 LED 光源研发主要经历以下 3 段历程。

2003 年以前,主要利用红、绿、蓝(RGB)三基色 LED 混光合成白光,其原理如图 1(b)所示[1]。这种方法可以获得较高的显色指数,适用于高清显示。通过独立调控各色芯片的电流可以方便地控制光色,适用于智能照明应用。由于该类器件制备成本较高,现阶段还不适用于通用照明。

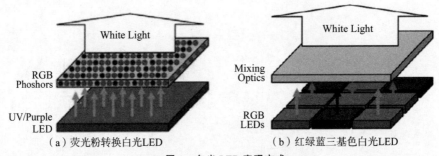

（a）荧光粉转换白光LED　　　　　（b）红绿蓝三基色白光LED

图 1　白光 LED 实现方式

2004 年起,随着 MOVPE 设备的建设成功和高效蓝光 LED 制备技术的掌握,厦门大学半导体人改用短波长(紫外光、紫光和蓝光)LED 激发长波长发光荧光粉来合成白光,如图 1(a)所示[1]。具体地说,可采用蓝光芯片激发黄光荧光粉,或采用蓝光芯片激发红绿光荧光粉,或采用紫外光/紫光芯片激发红、绿、蓝光荧光粉来合成白光。此类白光 LED 制备相对简单,价格相对便宜,是目前半导体照明产业应用的主流方法。然而,荧光粉光转换过程固有的能量损失,使得这种方法的发光效率很难进一步提高。荧光粉和封装材料的老化也降低了白光 LED 的寿命、稳定性和显色指数。

近年来,我们着重开展单芯片无荧光粉白光 LED 的研究[2],以避免荧光粉方法光转换引起的效率损失、材料老化等问题,以及 RGB 多芯片的复杂混光过程。要实现单芯片无荧光粉白光 LED,必须在单一芯片中完成多种颜色发光结构的构筑。可以利用 GaN 不同倾角的极性面、半极性面以及非极性面的生长习性差异,在相同生长条件下,外延出不同 InGaN/GaN 量子阱,达到发射不同颜色光谱的目的。典型方案是通过侧向外延(epitaxial lateral overgrowth,ELOG)形成具有极性、半极性、非极性等多种斜面的 GaN 条纹或六角棱锥,以此作为模板外延 InGaN/GaN 量子阱。M. Funato 等人在以蓝宝石为衬底的 GaN 外延层上沉积 SiO$_2$ 薄膜,控制窗口和掩膜的比例,光刻获得沿[$\bar{1}$100]方向的两种不同的 SiO$_2$ 掩膜条纹 A 和 B。然后侧向外延得到(0002)极性面、{11$\bar{2}$2}半极性面和{11$\bar{2}$0}非极性面。以该 GaN 模板生长 InGaN/GaN 量子阱。如图 2 所示,在 A 和 B 两种图形模板上生长的 InGaN/GaN 量子阱可实现红、绿、蓝三色电致发光[3]。Y. H. Ko 等人利用孔洞图形掩膜选择性外延获得 GaN 六角棱锥,以此为模板生长 InGaN/GaN 量子阱[4]。在六角棱锥的顶部形成了 InGaN 量子点(quantum dots,QDs),在{11$\bar{2}$2}斜面上形成了量子阱(quantum wells,

125

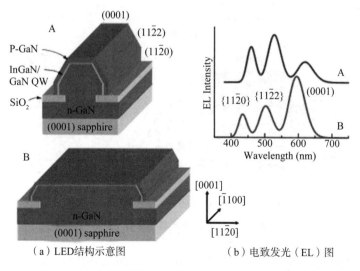

（a）LED结构示意图　　　（b）电致发光（EL）图

图 2　在 A 和 B 两种 GaN 图形模板上制备的 LED 结构示意图及对应的电致发光(EL)图

QWs)，在相邻斜面交界处形成了量子线（quantum wires，QWRs）。阴极荧光（CL）为宽光谱，单光图像显示量子阱、量子线和量子点具有不同的发光波长，分别为 510 nm、560 nm 和 610 nm。然而，这些方法需要掩膜刻蚀等工艺，不利于成本的降低。

针对上述问题，厦门大学 2006 年开始原位纳米侧向外延的研究工作。在国家自然科学基金（60876008）的支持下，通过在蓝宝石衬底上原位生长具有纳米孔洞的 SiN_x 薄层，优化 GaN 异质外延的反应腔压力和氨/镓比，实现了氮化镓半导体的纳米侧向外延。我们发现，在高反应腔压力和低氨/镓比条件下，可以选择性生长具有微纳尺寸的多斜面 GaN 岛。通过分析不同微纳岛斜面的原子结构（原子密度和成键状态），探明了 GaN 成岛与多斜面的形成起源于不同斜面不同原子平面的生长与扩散各向异性。经过详细的工艺优化和调控，我们成功地制备了包含（0002）极性面和 $\{1\bar{1}01\}$ 半极性面的 GaN 岛［图 3（a）］、包含（0002）极性面和 $\{1\bar{1}01\}$ 以及 $\{1\bar{1}02\}$ 半极性面的 GaN 岛［图 3（b）］[2]。

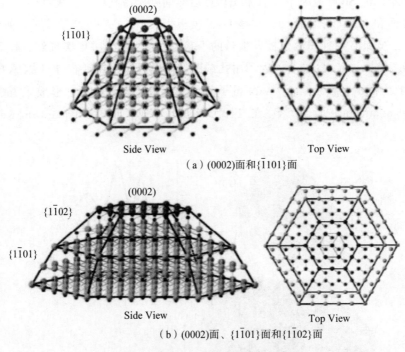

图 3　单个 GaN 岛的原子结构示意图

在纳米成岛等研究工作的基础上，在另一项国家基金项目（61076091）的支持下，我们以这种三维 GaN 岛为模板生长 InGaN/GaN 量子阱结构，并实现了多色发光。在该项目的研究过程中,我们克服了诸如三维微纳岛及其上的量子阱的微观结构表征等困难。结合原子力显微镜、透射电镜截面分析、X射线光电子能谱、电子探针、扫描电镜-阴极荧光、Diamond原子结构分析、Shape成岛分析等手段,明确了三维微纳岛表面的原子平面构成和组分空间分布,以及量子阱结构材料在不同原子平面上的生长行为。通过调控多斜面GaN微纳岛的成岛及其后的InGaN/GaN量子阱生长,可实现双色混合白光发射。图4(a)为样品的截面透射电镜(transmission electron microscope,TEM)图像。GaN微纳岛的(0002)极性面和$\{1\bar{1}01\}$半极性面上的InGaN/GaN量子阱清晰可见。样品CL谱为双色发光,其中(0002)极性面上的量子阱发光波长约485 nm,而$\{1\bar{1}01\}$半极性面上的量子阱发光波长约419 nm[5]。

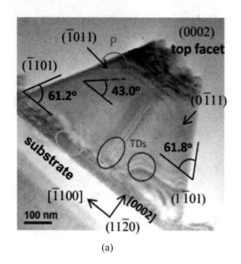
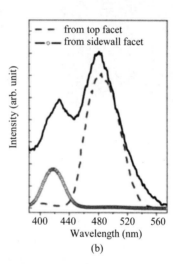

(a)   (b)

(a)多斜面自组织GaN岛上InGaN/GaN量子阱的截面透射电镜(TEM)图像;(b)阴极荧光(CL)谱

图4 GaN岛上InGaN/GaN量子阱的(a)截面透射电镜(TEM)图像和(b)阴极荧光(CL)谱

进一步调控GaN成岛,在单个GaN岛上形成了多种原子平面[6]。图5(a)和(b)分别为单个GaN岛的扫描电镜(scanning electron microscope,SEM)图像和对应的结构示意图,其中有(0002)极性面和$\{1\bar{1}01\}$与$\{1\bar{1}02\}$半极性斜面。图5(d)~(f)为单波长CL图像,其中570 nm发光主要来自(0002)极性面上的量子阱,而500 nm和450 nm发光分别来自$\{1\bar{1}01\}$和$\{1\bar{1}02\}$半极性斜面上的量子阱,从而通过GaN岛不同生长面上的量子阱发射3种颜色光谱,合成宽光谱(图6)。

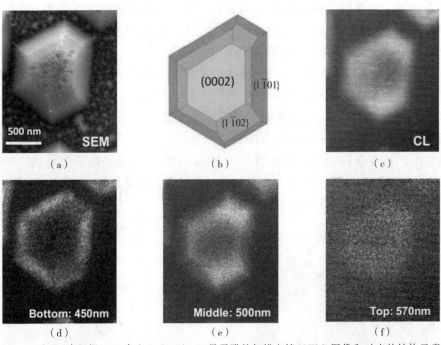

　(a)　　　　　　　　　(b)　　　　　　　　　(c)

　(d)　　　　　　　　　(e)　　　　　　　　　(f)

　　(a)和(b)自组织 GaN 岛上 InGaN/GaN 量子阱的扫描电镜(SEM)图像和对应的结构示意图;(c)～(f) CL 图像

图 5　自组织 GaN 岛上 InGaN/GaN 量子阱的 SEM 图像、对应的结构示意图和 CL 图像

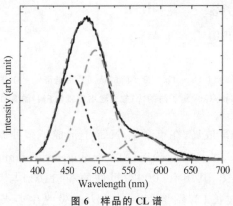

图 6　样品的 CL 谱

　　在具有更多种斜面的 GaN 微纳岛上,我们生长了 InGaN/GaN 量子阱,其表面形貌如图 7(a)所示。单个 GaN 岛包含(0002)、$\{1\bar{1}01\}$、$\{1\bar{1}02\}$ 和 $\{11\bar{2}2\}$ 等多种斜面,如图 7(b)所示。CL 谱观测表明,GaN 微纳岛的不同斜面上的 InGaN/GaN 量子阱的发光波长不同,最少包含 420 nm、510 nm、560 nm、610 nm 等波长发光,见图 7(c)。

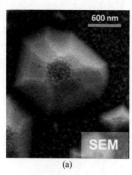
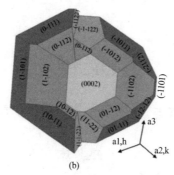
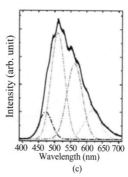

(a)和(b)多斜面自组织 GaN 岛上 InGaN/GaN 量子阱的 SEM 图像及对应的结构示意图;(c) CL 谱

图7 多斜面自组织 GaN 岛上 InGaN/GaN 量子阱的 SEM 图像、对应的结构示意图和 CL 谱

可见,这种方法可直接实现蓝、绿、黄、红等多种颜色光谱发射,混合成高品质白光[5]。由于从事单芯片无荧光粉白光 LED 的一系列研究工作,厦门大学方志来应邀撰写了综述性专著章节[2]。

致谢:感谢国家自然科学基金项目(11544008、60876008、61076091)的支持。

参考文献

[1] J. Y. Tsao. Solid-state-lighting: lamps, chips, and materials for tomorrow[J]. IEEE Circuits Devices Mag., 2004, 20: 28-37.

[2] Z. L. Fang. Monolithic Phosphor-Free White Emission by InGaN/GaN Quantum Wells. In: A. Reimer. Horizons in World Physics [M]. Nova Science Publishers, 2013: 69-96.

[3] M. Funato, T. Kondou, K Hayashi, et al. Monolithic polychromatic light-emitting diodes based on InGaN microfacet quantum wells toward tailor-made solid-state lighting[J]. Appl. Phys. Express, 2008, 1: 011106.

[4] Y. H. Ko, J. H. Kim, L. H. Jin, et al. Electrically driven quantum dot/wire/well hybrid light-emitting diodes[J]. Adv. Mater., 2011, 23: 5364-5369.

[5] Z. L. Fang. White emission by self-regulated growth of InGaN/GaN quantum wells on *in situ* self-organized faceted n-GaN islands[J]. Nanotechnology, 2011, 22: 315706.

[6] Z. L. Fang, Y. X. Lin, J. Y. Kang. InGaN/GaN quantum wells on self-organized faceted GaN islands: growth and luminescence studies [J]. Appl. Phys. Lett., 2011, 98: 061911.

当六方遇见立方

——氧化锌与其他功能氧化物的界面耦合研究

王惠琼

一、研究缘起

　　翻开 2006 年厦大半导体学科建设 50 周年的专著,感受到的是师长和学长们筚路蓝缕谱就的"自强之歌"! 其中,深情叙述"蓝色之梦"的康俊勇老师恰是我 1995—1999 年在厦大物理系本科求学期间半导体物理知识的启蒙老师之一。康老师彼时从日本学成归国,怀揣半导体"十八般武艺"投入厦大半导体学科建设的浪潮中。2009 年,在国外求学游荡整整十年之后,我也回到了母校,承蒙康老师的"慷慨收留",成为他所领导的宽禁带半导体材料研究组的一员。而我所主要使用的分子束外延/扫描探针显微镜(MBE/SPM)联合系统,则是在康老师的带领下,由詹华瀚、李书平、吴启辉等几位学长以"卧薪尝胆"的精神,面对"一往无前"的挑战,一步一步建设起来的。当时以研究生身份熬夜参与第一炉氧化锌成功生长的周颖慧和陈晓航,后来也成为 MBE/SPM 研究小组的主干教师力量,是研究小组的一大幸事。而没有参与建设过程而直接"空降"的我,在享受"大树乘凉"幸福感的同时,也对当年艰辛"种树"的各位前辈们表示敬意。

　　我在国外的科研课题主要侧重于具有强关联电子性质的多功能过渡金属氧化物的表面和界面物理[1-4],而我回国所参与研究的氧化锌材料为典型的宽禁带半导体。因此,我开始探索这两类氧化物的界面耦合特性。如今,各种电子材料的薄膜化使电子信息产品不断向数字化、网络化、集成化、便携化方向发展。其中备受关注的是薄膜化材料之间的界面性质对所集成的电子器件的性能所产生的影响。因在半导体异质结研究方面的开创性工作而分享了 2000 年诺贝尔物理奖的 Herbert Kroemer 在其获奖报告的开端就直接指出,界面本身就是一个器件[5]。与传统的半导体异质结界面相比,氧化物之间的界面显示出更丰富的新型物理性质,如巨磁阻效应、高温超导现象等,使其在新一代器件中的应用日益广泛[6-7]。根据近年来的报道,$LaAlO_3$ 和 $SrTiO_3$ 两种绝缘体之间的耦合在界面出现了金属态[8]，甚至是超导的行为[9]，为氧化物之间的界面物理研究掀开了新的篇章[10]。而氧化物与半导体之间的界面耦合行为也是近年来的研究热点之一。电子信息器件的元件由有源器件和无源器件组成。其中，有源器件主要以半导体材料为基础；电阻、电容、电感、微波电路等无源电子器件大多采用具有铁电、压电、高 k 介电、软磁以及非线性光学等功能的多元氧化物材料。因此，半导体和多元氧化物功能材料之间的复合薄膜化是实现有源－无源电子器件集成的关键一步。然而，由于这两种材料无论在结构上还是生长机制上都有较大的差异，其复合薄膜的制备技术还有待进一步完善；另一方面，两种材料之间的异质界面耦合行为极有可能导致崭新的电子态的出现，从而改变或增加复合薄膜的性能。因此，开展半导体和多元氧化物之间的耦合界面物理问题的研究具有重要的学术意义和应用价值。

二、研究方法

作为宽禁带半导体材料（室温禁带宽度 3.37 eV），氧化锌具有直接带隙能带结构和大的激子束缚能（60 meV），带隙可调，而且具有熔点高、沉积温度低、无毒性、价格低廉等优越性能；与其他多功能氧化物的界面耦合可进一步拓展氧化锌在光电等领域的应用。然而，氧化锌在常温下比较稳定的结构为纤锌矿的六方结构，而多功能氧化物中相当一部分为立方结构[其中立方钙钛矿氧化物是典型的一类，如具有高介电常数的钛酸锶（$SrTiO_3$）等]，因此，如何将这两类异质异构的氧化物耦合在一起，成为一项具有挑战性同时具有探索意义的课题。我们课题小组先选择氧化镁作为立方结构的"试金石"，研究六方氧化锌与立方氧化镁的界面耦合行为和机制。在此基础上，进一步研究六方氧化锌与其他具有立方结构的功能氧化物（钙钛矿 $SrTiO_3$、岩盐矿 NiO）的耦合特性。主要研究方法是薄膜生长与各种表征手段和方法的有机集成：

（1）分子束外延法（MBE）生长薄膜。原位的反射高能电子衍射（reflection high-energy electron diffraction，RHEED）和扫描隧道显微镜（STM）监测生长过程的表面结构演变（立方与六方结构之间的过渡）。

（2）X 射线衍射（XRD，φ角扫描和极图）表征薄膜与衬底之间的外延关系。原子力显微镜（atomic force microscope，AFM）表征所生长的薄膜的表面形貌，阴极荧光（CL）、光致发光谱（photoluminescence，PL）和透射谱（XL）表征光电性能。

（3）与美国布鲁克海文国家实验室的先进透射电子显微镜（TEM）课题组进行合作，对所生长的薄膜界面进行原子级结构表征，并采集电子能量损失谱（electron energy loss spectroscopy，EELS），研究衬底至薄膜之间的电子结构的界面过渡态。

（4）利用国家大科学仪器——同步辐射光源（主要是北京光源和上海光源），

采集 X 射线光电子能谱（photoelectron spectroscopy，PES，表征价带电子态）和 X 射线吸收谱（X-ray absorption spectroscopy，XAS，表征导带电子态结构，与 EELS 互补）。

（5）基于密度泛函理论（density functional theory，DFT）的第一原理计算，获得界面原子结构的稳定模型和相应的电子态密度结构（含价带和导带），与实验结果相结合，探索生长机制与界面电子结构耦合行为。

三、研究结果

通过分子束外延，我们成功地在立方岩盐矿 MgO（001）的衬底上生长出六方纤锌矿 ZnO，生长规律和特性简单总结如下（主要是研究生周华的工作）：

1. 极性与非极性的可控生长

氧化物分子束外延生长涉及诸多"烹调"参数：蒸发源温度、氧气偏压/等离子体氧化源功率、衬底温度等。我们通过研究发现，调节这些参数可实现氧化锌极性面（0001）和非极性面（10-10）的可控生长，如图 1 所示[11]。在极性面和非

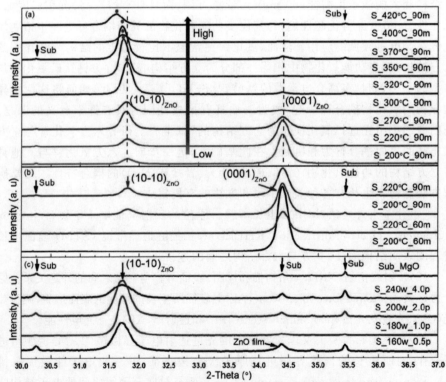

通过调节生长参数［生长温度（a）、生长时间（b）、氧气偏压和等离子体功率（c）］可在立方的 MgO(001)衬底上实现对氧化锌极性面（0001）和非极性面（10-10）的可控生长[11]

图 1　不同生长条件下 ZnO 薄膜的 XRD 结果

极性面共存的情况下,可通过不同厚度的原位反射高的电子衍射(RHEED)和移位 X 射线衍射(XRD)的表征确定,生长初期先出现极性面氧化锌面的生长,当薄膜较厚时才转向非极性面的生长[11]。

2. 极性与非极性的旋转畴域和界面模型

通过 X 射线衍射的极图扫描发现,相同的立方 MgO(001)衬底上所生长的氧化锌极性(0001)和非极性(10-10)薄膜分别呈现两种和四种的旋转畴域,如图 2[11]和图 3[13]所示。Grundmann 等人通过理论计算,证实了衬底和薄膜不同的对称性结构会导致薄膜的旋转畴域的出现[12]。旋转畴域的个数 N_{RD} 遵循如下关系[12]:$N_{RD}=\mathrm{lcm}(n,m)/m$。这里,假如衬底基面和薄膜外延面分别具有 n 度和 m 度的旋转对称(分别沿着基底面和外延面的法向旋转 $\varphi_i=\dfrac{2\pi i}{n}$ 和 φ_j

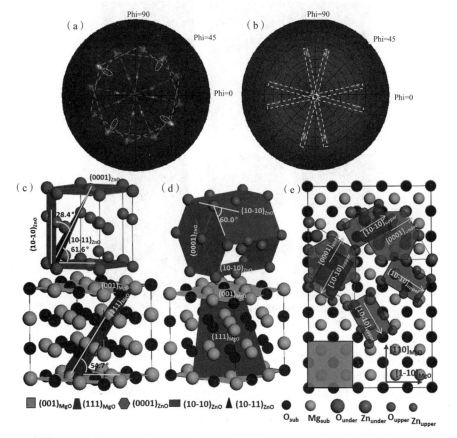

极性面(a)和非极性面(b)的极图(分别将 2-theta 角固定在 36.2° 和 31.73° 进行扫描),以及极性面(c)和非极性面(d)的界面模型。极性取向的薄膜出现互为 30 度的两种旋转界面;非极性取向的薄膜出现 4 种旋转界面(e)[11]。

图 2　极性 ZnO(0001)/MgO(001)与非极性 ZnO(10-10)/MgO(001)的界面关系比较

$=\dfrac{2\pi j}{m}$ 的角度后,得到的空间结构不变,i,j 均为正整数),$\mathrm{lcm}(n,m)$ 为 n 与 m 的最小公倍数。对于氧化锌极性面的生长情况,两种界面之间存在 $30°$ 的旋转角度,氧化锌薄膜均与氧化镁衬底的面内$<110>$晶向组垂直。由于衬底基面的对称度为 $n=4$,外延薄膜 ZnO(0001)的对称度为 $m=6$,由此可得 $N_{RD}=$ $\mathrm{lcm}(4,6)/$ $6=2$,即所生长的薄膜出现两种旋转方向,与实验结果一致。对于氧化锌非极性面的生长情况,4 种旋转角度的氧化锌薄膜均与氧化镁衬底的面内$<140>$晶向组垂直。由于衬底基面沿此晶面的对称度为 $n=8$,外延薄膜 ZnO(10-10)的对称度为 $m=2$,由此可得 $N_{RD}=\mathrm{lcm}(8,2)/2=4$,即所生长的薄膜出现 4 种旋转方向,与实验结果一致。

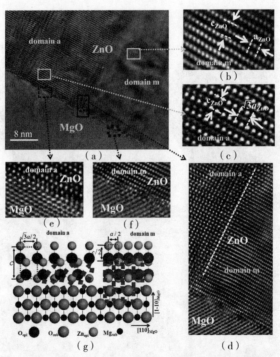

(a)高分辨透射电子显微镜图像证实极性取向薄膜的两种旋转畴域;(b)～(f)两种旋转畴域的薄膜和界面处的放大图像清晰地展示了所对应的原子结构,特别是立方到六方之间的原子层面的结构过渡;(g)展示了两种旋转界面的模型示意图[13]

图 3　极性 ZnO (0001)/MgO (001)界面的原子结构

3. 极性与非极性的表面形貌与电子结构差异

通过原子力显微镜可以观察到,所生长的极性薄膜呈现颗粒状形貌,而非极性薄膜则引入了条状特征(沿着平面的极性取向)[14]。利用基于同步辐射的 X

射线吸收谱（氧的 K 吸收边）比较所生长的极性面和非极性面的导带电子结构（氧的 1s 到 2p 轨道的跃迁），发现两者的差异主要位于 539～550 eV 能量值区间（源于氧的 2p 和锌的 4p 的轨道杂化）两个特征峰的峰强比值。两者在其他能量区间的吸收峰形貌比较接近，其中，530～539 eV 能量区间和大于 550 eV 的能量区间分别对应于氧的 2p 和锌的 4s 的轨道杂化以及氧的 2p 和锌的 4d 的轨道杂化。结合第一原理计算所得的电子态密度可得出，542 eV 和 545 eV 峰位所对应的特征峰分别来源于氧原子 p 轨道的 z 和 $x(y)$ 分量，如图 4 所示[14]。因此，除了通常所用的 X 射线衍射，原子力显微镜和 X 射线吸收谱也可成为辨别氧化锌极性面和非极性面的重要手段（特别是在微纳米尺度）。

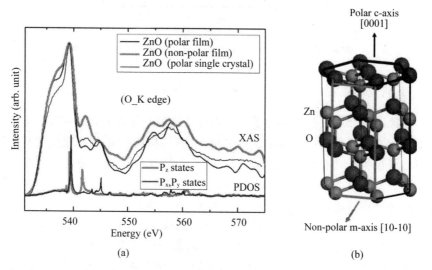

（a）极性和非极性取向的氧化锌的 X 射线吸收谱（氧的 K 边）与第一原理计算所得的电子态密度的轨道分量相比较；（b）对应的极性和非极性取向[14]

图 4　极性与非极性 ZnO/MgO 薄膜的电子结构比较

4. 极性与非极性的光电性质

我们比较了不同衬底温度所生长的氧化锌薄膜的透射谱[11]。比较发现，衬底温度为 350 ℃以下所生长的氧化锌薄膜（偏非极性取向）的透射谱比较接近氧化锌体材料的特征。衬底温度 350 ℃以上所生长的氧化锌薄膜（偏极性取向）与氧化锌体材料的透射谱呈现两点差异，一是光学带隙出现蓝移；二是 240～360 nm 波段期间出现大于 10% 的透光率，而不是趋于零，这可能是因为高温生长时 Mg 元素从衬底扩散到薄膜，从而形成界面层的关系[11]。图 5 为衬底温度为 300 ℃所生长的氧化锌薄膜的荧光光谱[15]，也与体材料的情况接近。

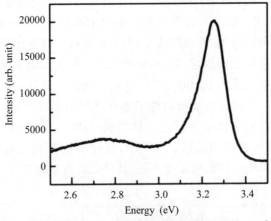

图5　衬底温度为300℃所生长的氧化锌薄膜的荧光光谱[15]

四、研究展望

　　本课题的开展使我们掌握了具有六方结构的半导体氧化锌和具有立方结构的氧化物之间的界面耦合行为。其中,在立方结构的衬底上实现极性和非极性薄膜的可控生长具有重要的意义,因为极性薄膜往往比较容易生长但存在内在极化电场。一方面,非极性氧化锌面的生长可避免内在极化场的形成,同时有望比极性面更容易进行 P 型掺杂。另一方面,氧化镁具有 7.7 eV 的宽带隙,与氧化锌的集成可对氧化锌的禁带宽度进行调谐,满足不同波段的光电子器件的需求。我们在 ZnO/MgO 的经验基础上,利用北京光源集薄膜生长(含分子束外延和激光脉冲沉淀)和原位电子结构表征(含光电子能谱和吸收谱)于一体的联合系统,研究六方氧化锌和立方钛酸的界面以及六方氧化锌和立方氧化镍界面的耦合行为。钛酸锶具有较高的介电常数,也具有较大的禁带宽度(3.2 eV),同时还具有介电损耗低、热稳定性好等优点和独特的电磁性质。NiO 是典型的反铁磁材料,禁带宽度 4.0 eV 左右,比较容易形成 P 型半导体。氧化锌与这些功能氧化物进行界面耦合,由晶格对称度不同和晶格失配引起的应力有可能在界面处形成既不同于衬底又有异于薄膜的新型物理特性。希望这些课题的开展可为异质和异构两类材料的薄膜集成提供更多的科学依据,为设计和制备具有更高性能的新材料和新器件提供科学指导,从而实现多功能集成化和模块化,促进电子系统小型化和单片化,增强集约化的系统功能。

　　感谢我的历届博士生和硕士生们(周华、廖霞霞、李亚平、杜达敏、耿伟、王小丹、李东华、袁学斌)以及合作者们(厦门大学物理系康俊勇教授课题组、厦门大学物理系郑金成教授课题组、中国科学院高能物理研究所同步辐射装置光电子能谱线站奎热西研究员课题组、美国布鲁克海文国家实验室朱溢眉教授透射电镜课题组等)在此课题上的共同努力！感谢国家自然科学基金委、教育部、科技部以及福建省和厦大等的经费资助。路漫漫其修远兮,吾将上下而求索。

参考文献

［1］H.Q. Wang, E.I. Altman, C. Broadbridge, Y. Zhu, V.E. Henrich. Determination of electronic structure of oxide-oxide interfaces by photoemission spectroscopy[J].Adv. Mater, 2010,22: 2950.

［2］H.Q. Wang, E.I. Altman, V.E. Henrich. Measurement of electronic structure at nanoscale solid - solid interfaces by surface-sensitive electron spectroscopy[J]. Appl. Phys. Lett.,2008,92:012118.

［3］H.Q. Wang, E.I. Altman, V.E. Henrich. Interfacial properties between CoO (100) and Fe_3O_4(100)[J].Phys. Rev. B,2008,77: 085313.

［4］H. Q. Wang, E. I. Altman, V. E. Henrich. Steps on Fe_3O_4 (100): STM measurements and theoretical calculations[J].Phys. Rev. B,2006,73:235418.

［5］H. Kroemer. Nobel Lecture: Quasielectric fields and band offsets: teaching electrons new tricks[J]. Rev. Mod. Phys.,2001, 73: 783.

［6］J. Heber.Materials science: Enter the oxides[J].Nature ,2009,459: 28.

［7］J. Mannhart, D. G. Schlom. Oxide interfaces—an opportunity for electronics[J]. Science,2010,327:1607.

［8］A. Ohtomo, H. Y. Hwang. A high-mobility electron gas at the $LaAlO_3$/$SrTiO_3$ heterointerface[J]. Nature,2004, 427: 423.

［9］N. Reyren, S. Thiel, A.D. Caviglia, L. Fitting Kourkoutis, G. Hammerl, C. Richter, C.W. Schneider, T. Kopp, A.S. Rüetschi, D. Jaccard, M. Gabay, D.A. Muller, J. M. Triscone, J. Mannhart. Superconducting interfaces between insulating oxides[J]. Science, 2007,317:1196 .

［10］H. Y. Hwang, Y. Iwasa, M. Kawasaki, B. Keimer, N. Nagaosa, Y. Tokura. Emergent phenomena at oxide interfaces[J]. Nature Mater,2012, 11: 103.

［11］X.Q. Shen, H. Zhou, Y.P. Li, J.Y. Kang, J.C.Zheng, S.M. Ke, Q.K. Wang, H. Q. Wang.Structural and optical characteristics of the hexagonal ZnO films grown on cubic MgO (001) substrates[J].Optics. Lett.,2016, 41: 4895.

［12］M. Grundmann,T. Bontgen[J]. Phys. Rev. Lett.,2010, 105:14 .

［13］H. Zhou, H.Q. Wang, Y.P. Li, K.Y. Li, J.Y. Kang, J.C. Zheng, Z. Jiang, Y.Y. Huang, L.J. Wu, L.H. Zhang, K. Kisslinger, Y. Zhu. Evolution of Wurtzite ZnO films on Cubic MgO (001) substrates: a structural, optical, and electronic investigation of the misfit structures[J]. ACS Appl. Mater. Interfaces,2014, 6:13823.

［14］H. Zhou, H. Q. Wang, X. X. Liao, Y. Zhang, J. C. Zheng, J. O. Wang, E. Muhemmed, H.J. Qian, K. Ibrahim, X.H. Chen, H.H. Zhan, J.Y. Kang. Tailoring of non-polar and polar ZnO planes on MgO (001) through molecular beam epitaxy[J]. Nanoscale

Research Letters,2012,7:184.

[15] H. Zhou, H.Q. Wang, L.J. Wu, L.H. Zhang, K. Kisslinger, Y. Zhu, X.H. Chen, H.H. Zhan,J.Y. Kang.Wurtzite ZnO (001) films grown on cubic MgO (001) with bulk-like opto-electronic properties[J].Appl. Phys. Lett. ,2011,99: 141917.

新型有机－无机杂化钙钛矿——光伏半导体材料的新星

尹君　李静

随着全球能源危机以及环境污染问题的日益严重,开发和利用新型清洁、可再生能源已成为人类维持可持续发展的迫切需求。在诸多新能源类型中,太阳能发电无疑是最具前景的方向之一。在众多太阳能电池材料和器件中,以 $CH_3NH_3PbI_3$ 为代表的有机－无机杂化钙钛矿太阳能电池,由于其突出的光电转换效率和相对较低的制备成本,引起了国内外研究者的极大兴趣,并在近五年间获得了飞速的发展,如图 1 所示[1-2]。这种优异的新型太阳能电池(其常规器件结构如图 2 所示)主要得益于钙钛矿材料高吸光系数[3]、极长载流子传输距离[4]及丰富和低成本制备方法[5]。目前,研究者们对新型钙钛矿太阳能电池的工作原理、制备方法、界面调控等方面已经积累了丰富的研究经验,关键问题的解决促使电池效率记录被不断地刷新[6]。最近,经过认证的钙钛矿型太阳能电池的效率已经超过 22.1%,已接近于单晶硅太阳能电池的最高水平(25%)[7],而相比之下,其制备成本和周期则远远低于单晶硅太阳能电池,在展示这种新型

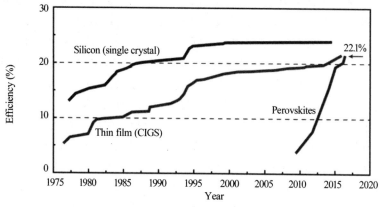

图 1　钙钛矿型太阳能电池的效率发展情况,并和单晶硅、铜铟镓硒(CIGS)薄膜太阳能电池相比较

139

太阳能电池的应用前景[8]的同时,也为对其进行进一步深入研究提出了挑战。

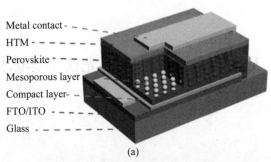

(a)

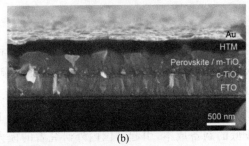

(b)

(a)典型的钙钛矿太阳能电池结构示意图,主要包括玻璃、透明导电层(FTO 或 ITO)、致密层、介孔层、钙钛矿、空穴传导层以及金属接触电极;(b)基于上述结构制备的太阳能电池器件截面SEM 图

图 2　典型的钙钛矿太阳能电池结构图

也正是由于这种新型有机-无机杂化钙钛矿半导体材料的独特优势,在该类半导体材料光伏应用的早期,我们研究团队与本校化学、材料、能源等其他相关学科的研究者一样,对其给予了高度关注。2013 年 9 月开学伊始,我们研究小组开始了制备钙钛矿薄膜和光伏器件的初步尝试。万事开头难,实验的前期一切从零开始。购买试剂、尝试合成、设计器件结构、定做掩膜版、调研仪器设备、申购仪器……可谓是举步维艰。不同于传统无机半导体薄膜可采用蒸发、溅射、外延生长等制备方式,钙钛矿薄膜和电池的其他薄膜层主要是采用化学合成的方法制备,由于材料的水氧敏感性,一般需要在手套箱中进行实验。而当时,课题组除了一些基本的实验材料外,专用的合成仪器、技术及实验条件几乎没有,更不用说手套箱了。在这一时期,具体开展实验工作的只有正在攻读博士学位的三年级研究生尹君一人,虽然研究生何绪也参与了部分工作,但人员仍稍显不足。此外,由于当时国内外对这种新型太阳能电池材料和器件的研究也刚处于开始阶段,可借鉴的技术和方法并不多,我们的初期实验过程也走过不少弯路。比如,仅导电玻璃先后就更换过三种;对于溶解性问题,PbI$_2$ 试剂也尝试了好几个品牌;对于实验环境的温度和湿度,更是试验了无数次,在掌握了温湿度

与 TiO_2 凝胶的固化速度、形貌以及钙钛矿薄膜的质量的密切关联后,通过优化实验参数,才保证了实验的重复性;样品的表面处理,也是经过了化学表面改性、Plasma 表面活化、高温处理等方法,才最终确立了通用和稳定的处理方法。初期工艺探索的艰辛,可见一斑。

在以上工艺基础上,我们开始解决器件构建的首要难题——均匀覆盖的钙钛矿薄膜制备。研发主要有以下三方面。首先,采用旋涂技术,通常有一步法或两步法溶液旋涂技术[5]。一步法是将钙钛矿的前驱体溶液一步旋涂在制备好的致密/介孔 TiO_2 衬底上,之后进行加热处理,除去额外的溶剂,结晶形成钙钛矿薄膜。两步法则是先在衬底上旋涂 PbI_2 的二甲基甲酰胺(DMF)溶液,干燥处理后接着滴涂或浸泡 MAI 的异丙醇溶液,以促使 PbI_2 与 MAI 反应生成 $MAPbI_3$ 钙钛矿晶粒,然后再次旋涂除去多余的溶液,最后加热处理获得高质量的钙钛矿薄膜[9-10]。一般来说,从液相至固相的转变过程中,钙钛矿薄膜会经历成核和晶粒生长两个重要过程,而成核密度和晶体生长速度之间的平衡问题是均匀薄膜形成的关键。经过大量的实验摸索,我们最终掌握了两步法工艺,实现了均匀钙钛矿薄膜的制备。功夫不负有心人,经过进一步地优化电子提取层(N 型层)和空穴传输层(P 型层),我们终于实现了光伏器件的有效工作。李静教授犹记在加州大学伯克利分校进行学术访问时,尹君博士非常兴奋地通过 QQ 发送给她刚测试完的器件 I-V 结果图,虽然已近深夜,但仍然激动地通过 QQ 聊天表达彼此兴奋的心情,这可能是所谓的"辛苦"科研工作的"乐趣"。一个实验数据的获得、一点小小的进步,都凝聚着一次次讨论、一遍又一遍实验所付出的汗水和心血。

尽管旋涂法具有成本低、制备速度快、薄膜厚度易控制等优点[5, 11],但也存在薄膜厚度均匀性较差、材料利用率低(利用率约为 5%)和不适合大面积规模化制备的缺点[12-13]。因而,研究者们也发展了气相沉积法制备钙钛矿薄膜,通过气相输运、扩散和气-固反应过程精确控制[14],以实现高质量钙钛矿薄膜的制备。目前,已有多种气相沉积或气相辅助沉积技术被研究者们应用于高质量钙钛矿薄膜及高效光伏器件的制备与研究中,如双源气相共沉积[15]、双源气相依次沉积[16]、气相辅助溶液法沉积(vapor assisted solution precipitation,VASP)[17]、混合化学气相沉积(hybrid chemical vapor deposition,HCVD)[18]、混合物理化学气相沉积(hybrid physical chemical vapor deposition,HPCVD)[19]、低压化学气相沉积(low pressure chemical vapor deposition,LPCVD)[20]、原位管式化学气相沉积(in situ tube chemical vapor deposition,ITCVD)[21]、改进化学气相输运沉积(improved chemical vapor transport deposition,imCVTD)[22]等。虽然大部分气相沉积法能有效改善钙钛矿薄膜质量,但生长过程需要高真空、惰性气体等环境。一些课题组在手套箱中完成相关

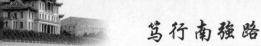

的工作,而我们由于当时实验空间和科研经费的限制,无法投入大量的物力,只好另辟蹊径。尹君博士就以比较低的成本购入了一个类似吹风机的热风枪,置于石英管一侧。当热风枪开启时,周围的空气被加热,并被吹入管内,形成热气流,实际实验装置如图3所示[28]。经过不断调试,我们可以精确地控制生长区域的湿度。例如,将生长区域40%的湿度环境降至10%,使得系统在普通湿度环境下即可使用,具体反应过程如图4所示。该气相辅助沉积方法通过有效控制和优化热风枪的加热温度和气流速度,可满足钙钛矿薄膜气相辅助沉积时的气体产生、输运、气固反应以及气体再凝结各个过程所需的温度变化梯度,适用于空气氛围,常压,简易可控。"穷则思变"(《周易·系辞下》)这一古话又一次在我们的研究工作中得到了验证,也让我们真正体会到了,科研不仅是工作,也是生活,同样也丰富了我们的人生。

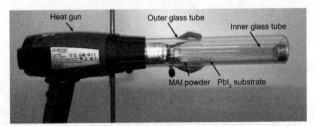

图3 研究初期自主搭建的气相辅助沉积平台

(Reproduced from Ref. 28 with permission from the Royal Society of Chemistry.)

非常幸运的是,通过一系列的优化实验,在这个实验平台上,我们实现了普通湿度环境下(湿度35%~60%)高效钙钛矿太阳能电池的制备。通过优化结晶动力学过程,特别是采用气相模式下的原位退火处理,实现了高质量钙钛矿薄膜的制备和超过18%的器件转换效率;进一步通过引入溶剂工程调控PbI_2薄膜的气相反应界面,实现了大约6%的光电转换效率提升和最高18.90%的器件效率,如图4所示。值得一提的是,这种方法制备的器件达到了当时气相辅助沉积制备技术所报道的最高效率,而且是在全空气氛围中实现的。此外,制备的电池器件也呈现出较低的迟滞效应和较好的空气稳定性,这应该主要得益于气相辅助方法获得的薄膜在均匀性和结晶特性方面的显著提升。

通过上述气相辅助沉积技术,我们在高质量钙钛矿薄膜的制备及器件效率方面取得了一定的突破。创新是科技进步的源泉,为了发展高质量钙钛矿薄膜及光伏器件的快速有效制备方法,我们又把目光投向了溶液刮涂技术。除这种常规的刮涂应用外,基于刮涂法延伸的印刷技术,如3D打印或滚轮印刷等方法,在钙钛矿太阳能电池的规模化制备中也展现出无可比拟的优势[23-25]。考虑到刮涂法在制备薄膜时的超高原材料利用率,这种薄膜制备技术在钙钛矿的商

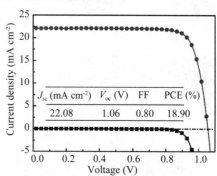

Hot air flow

Exhaust

(a) 气相辅助沉积系统示意图

（b）制备的钙钛矿薄膜照片　　　　（c）制备的钙钛矿太阳电池最高效率 J-V 曲线

图 4　气相辅助沉积制备高质量钙钛矿薄膜及器件

（Reproduced from Ref. 28 with permission from the Royal Society of Chemistry.）

业化生产中体现出极大的应用潜力。当然,目前,刮涂法制备的钙钛矿薄膜的器件效率相比以上的旋涂技术或气相制备方法还有待进一步提高[26]。此外,在规模化薄膜制备应用方面,这种方法在薄膜制备的均匀性及工艺稳定性方面也有待进一步完善。针对这些问题,我们进一步发展了一种基于热力学控制和溶剂工程的调控手段,显著加快了钙钛矿薄膜在刮涂过程中的结晶过程,提高了生长质量;通过优化薄膜生长过程中的成核与晶粒生长的动态过程,实现了大面积、均匀、晶粒尺寸大（>500 μm）的高质量、准单晶钙钛矿薄膜的制备[29]。这种显著提高的晶体质量和薄膜光学性质,使得制备出的钙钛矿太阳能电池器件实现了 17.82% 的最高光电转换效率（平均 16.32%）。更重要的是,利用上述快速结晶成膜的生长机制,也使得薄膜的制备工艺可以采用更加普适的方法,甚至直接采用一步刷涂制备的方式,将前驱体均匀地刷涂在衬底表面,可瞬间完成高质量薄膜的转化,如图 5 所示。采用这种刷涂的方式,我们最终实现了超过 17% 的器件光电转换效率（平均 16.00%）。该方法展现出优越的可重复性和空气稳定性,在钙钛矿薄膜的规模化制备中体现出极高的应用潜力。

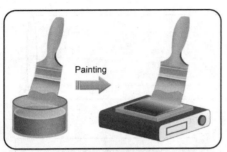

(a) 刷涂制备钙钛矿薄膜工艺示意图

(b) 制备的大面积钙钛矿薄膜

(c) 刷涂制备钙钛矿薄膜的相应SEM形貌图

(d) 完整太阳能电池器件截面SEM图

图 5 刷涂技术实现大面积、高质量钙钛矿薄膜的快速制备

回首这三年的工作，第一次讨论、第一次实验、第一个可以工作的钙钛矿太阳能电池的成功制备、第一个效率突破 19％ 的器件……一路走来，有艰辛、有疑惑、有喜悦。目前，通过生长调控技术制备钙钛矿薄膜的途径，创新性地借助于溶剂工程、结构优化、生长动力学调控等方法，我们已经在高质量钙钛矿薄膜和太阳能电池器件的制备方面获得了一定的研究成果，并在一定程度上实现了基于刷涂工艺的大面积钙钛矿薄膜的快速制备工艺。但是，高质量钙钛矿薄膜的可控生长，以及发展大面积、规模化的稳定制备工艺仍需继续深入探索研究。而且，钙钛矿型太阳能电池的研究仍处于发展的飞速期，在当前的研究基础之上，继续优化制备工艺，进一步提升光电转换效率，逐步实现钙钛矿太阳能电池的商业化势在必行[27]。

现如今，钙钛矿太阳能电池及相关器件研究已成为我们课题组的一个重要研究方向，投入这一研究领域的学生也有 5 人之多，尽管他们也许无法切身体会到课题开展初期的不易，但能看到逐渐完备的实验平台、积累的深厚研究经验和标准化的实验流程，当按照这些流程很快地制备出可以工作的器件时，他们也会觉得很神奇，很有"小有成就"的感觉。不惧艰辛、勇于探索是我们能够不断发展的重要条件，以前如此，今后亦是如此。厦门大学半导体领域的研究从来不缺乏创新性,当一种新型半导体材料及其性能引起研究者们的注意时,得天独厚的理论功底和实验基础,以及历久弥新的创新精神促使我们可以很快地掌握其生长技术和物理特性,并在相关研究方面力争达到世界前沿水平。新型有机—无机杂化钙钛矿太阳能电池的研究同样体现了厦门大学物理系这种厚积薄发的科研精神。

参考文献

[1] 魏静,赵清,李恒,施成龙,田建军,曹国忠,俞大鹏. 钙钛矿太阳能电池:光伏领域的新希望[J]. 中国科学:技术科学,2014,8:001.

[2] M. A. Green, A. Ho-Baillie, H. J. Snaith. The emergence of perovskite solar cells [J]. Nature Photon,2014,8:506.

[3] O. Malinkiewicz, A. Yella, Y. H. Lee, G. M. Espallargas, M. Graetzel, M. K. Nazeeruddin, H. J. Bolink. Perovskite solar cells employing organic charge-transport layers [J]. Nature Photon, 2013,8:128.

[4] S. D. Stranks, G. E. Eperon, G. Grancini, C. Menelaou, M. J. Alcocer, T. Leijtens, L. M. Herz, A. Petrozza, H. J. Snaith. Electron-hole diffusion lengths exceeding 1 micrometer in an organometal trihalide perovskite absorber[J]. Science, 2013, 342:341.

[5] H. S. Jung, N. G. Park. Perovskite solar cells: from materials to devices[J]. Small, 2015, 11:10.

[6] 张太阳,赵一新. 铅卤钙钛矿敏化型太阳能电池的研究进展[J]. Acta Chim. Sinica, 2015, 73:202.

[7] A. Polman, M. Knight, E. C. Garnett, B. Ehrler, W. C. Sinke. Photovoltaic materials: Present efficiencies and future challenges[J]. Science,2016, 352:aad4424.

[8] http://www.nrel.gov/ncpv/images/efficiency_chart.jpg

[9] W. S. Yang, J. H. Noh, N. J. Jeon, Y. C. Kim, S. Ryu, J. Seo, S. I. Seok. High-performance photovoltaic perovskite layers fabricated through intramolecular exchange[J]. Science, 2015, aaa9272.

[10] J. Seo, J. H. Noh, S. I. Seok. Rational strategies for efficient perovskite solar cells [J]. Accounts Chem. Res.,2016,49:562.

[11] J. H. Im, H.-S. Kim, N.-G. Park. Morphology-photovoltaic property correlation in perovskite solar cells: One-step versus two-step deposition of $CH_3NH_3PbI_3$[J]. APL Mater., 2014, 2: 081510.

[12] Z. Lin, J. Wang. Low-cost nanomaterials: toward greener and more efficient energy applications [M]. Springer, 2014.

[13] F. C. Krebs. Fabrication and processing of polymer solar cells: A review of printing and coating techniques[J]. Solar Energy Materials and Solar Cells ,2009,93:394.

[14] H. Zhou, Q. Chen, Y. Yang. Vapor-assisted solution process for perovskite materials and solar cells[J]. MRS Bull. ,2015,40:667.

145

[15] M. Liu, M. B. Johnston, H. J. Snaith. Efficient planar heterojunction perovskite solar cells by vapour deposition[J]. Nature, 2013, 501:395.

[16] C. W. Chen, H. W. Kang, S. Y. Hsiao, P. F. Yang, K. M. Chiang, H. W. Lin. Efficient and uniform planar-type perovskite solar cells by simple sequential vacuum deposition [J]. Adv. Mater., 2014, 26:6647.

[17] Q. Chen, H. Zhou, Z. Hong, S. Luo, H. S. Duan, H. H. Wang, Y. Liu, G. Li, Y. Yang. Planar heterojunction perovskite solar cells via vapor-assisted solution process[J]. J. Am. Chem. Soc., 2014, 136: 622.

[18] M. R. Leyden, L. K. Ono, S. R. Raga, Y. Kato, S. Wang, Y. Qi. High performance perovskite solar cells by hybrid chemical vapor deposition[J]. J. Mater. Chem. A, 2014, 2: 18742.

[19] M. I. Saidaminov, A. L. Abdelhady, B. Murali, E. Alarousu, V. M. Burlakov, W. Peng, I. Dursun, L. Wang, Y. He, G. Maculan. High-quality bulk hybrid perovskite single crystals within minutes by inverse temperature crystallization[J]. Nature Commun., 2015, 6:7586.

[20] P. Luo, Z. Liu, W. Xia, C. Yuan, J. Cheng, Y. Lu. Uniform, stable, and efficient planar-heterojunction perovskite solar cells by facile low-pressure chemical vapor deposition under fully open-air conditions[J]. ACS Appl. Mater. Interfaces,2015, 7: 2708.

[21] P. Luo, Z. Liu, W. Xia, C. Yuan, J. Cheng, Y. Lu. A simple in situ tubular chemical vapor deposition processing of large-scale efficient perovskite solar cells and the research on their novel roll-over phenomenon in J-V curves[J]. J. Mater. Chem. A, 2015.

[22] B. Wang, T. Chen. Exceptionally stable $CH_3NH_3PbI_3$ films in moderate humid enviro nmental condition[J]. Advanced Science, 2016, 3:1500262.

[23] K. Hwang, Y. S. Jung, Y. J. Heo, F. H. Scholes, S. E. Watkins, J. Subbiah, D. J. Jones, D. Y. Kim, D. Vak. Toward large scale roll-to-roll production of fully printed perovskite solar cells[J]. Adv. Mater., 2015, 27: 1241.

[24] D. Vak, K. Hwang, A. Faulks, Y.S. Jung, N. Clark, D.Y. Kim, G. J. Wilson, S. E. Watkins. 3D printer based slot-die coater as a lab-to-fab translation tool for solution-processed solar cells[J]. Adv. Energy Mater., 2015,5:1401539.

[25] T. M. Schmidt, T. T. Larsen-Olsen, J. E. Carlé, D. Angmo, F. C. Krebs. Upscaling of perovskite solar cells: fully ambient roll processing of flexible perovskite solar cells with printed back electrodes[J]. Adv. Energy Mater., 2015,5:1500569.

[26] Y. Deng, Q. Dong, C. Bi, Y. Yuan, J. Huang. Air-stable, efficient mixed-cation perovskite solar cells with cu electrode by scalable fabrication of active layer[J]. Adv. Energy Mater., 2016, 6:1600372.

[27] http://www.oxfordpv.com/Technology/Perovskite-Performance-Roadmap

[28] J. Yin, H. Qu, J. Cao, H. L. Tai, J. Li, N. F. Zheng. Vapor-assisted crystallization control toward high performance perovskite photovoltaics with over 18%

efficiency in the ambient atmosphere[J]. J. Mater, Chem. A, 2016,4:13203.

[29] J. Yin, Y. C. Lin, J. Li, N. F. Zheng. Growth dynamic controllable rapid crystallization boosts the perovskite photovoltaics' robust preparation: from blade coating to painting[J] (Under reviewing).

147

148

收聚阳光　点亮世界

——记高效多结太阳电池研发历程

孔丽晶　张永

　　21世纪初期,面对化石燃料短缺、能源安全问题频发和高速发展的航天器电源需求,全球范围内兴起了太阳能光伏的研发热潮。太阳能光伏具有清洁、可再生、地域广等优势,符合人类文明进程中对环境资源的可持续发展要求,得到了世界各国的大力发展和积极推广。据国际能源组织和欧洲光伏工业协会预测,2020年世界光伏发电的发电量将占总发电量的1%,2040年约占总发电量的20%,可见能源结构转变的紧迫性和必然性。

　　目前,光伏发电系统中使用的太阳电池仍然以晶硅太阳电池为主,占据了各类太阳电池产量的90%以上。然而,单结太阳电池只能吸收特定光谱范围的太阳光,对太阳能的转换有很大局限性,比如商业化的多晶硅太阳电池,其转换效率仅为18%(AM1.5)左右。为突破单结太阳电池的效率极限,在过去30年间,相继发展出以具有不同带隙宽度的材料组合而成的双结、三结以及四结叠层多结太阳电池。各层材料分别选择性地吸收和转换太阳光谱的不同子域,由此可以大幅提高太阳电池的光电转换效率。

　　化合物半导体是半导体材料的大家族,可以提供许多带隙不同、晶格匹配的材料组合。其中,Ⅲ-Ⅴ族化合物半导体材料具有直接带隙和光吸收系数大的特点,成为高效电池的最佳选择。目前,商业化应用的砷化镓三结太阳电池主要为晶格匹配的 GaInP(1.85 eV)/In$_{0.01}$Ga$_{0.99}$As(1.41 eV)/Ge(0.67 eV)结构体系。以美国波音公司旗下的光谱实验室(Spectrolab)、Emcore公司,德国的 Azur Space 以及我国的厦门乾照光电股份有限公司、上海空间电源研究所等企业和科研院所为代表,其研制的空间用砷化镓三结太阳电池最高转换效率已经超过30%(AM0),地面高倍聚光条件下最高转换效率也达到了40%以上(AM1.5,500sun)。

　　时至今日,极高的光电转换效率及耐高温、抗辐照、长寿命的优点,使得砷化镓三结太阳电池已占据空间能源应用的主导地位。而在未来10年里,随着技术的发展,高倍聚光多结太阳电池发电成本将进一步降低,从而对传统平板式硅太阳电池发电系统形成较大的市场冲击。自砷化镓多结太阳电池出现后,其转换效率逐年快速提升,不断刷新太阳电池的转换效率记录,成为太阳电池转换效率的领跑者。砷化镓基Ⅲ-Ⅴ族化合物半导体多结太阳电池及其聚光技术在最近10年内取得了里程碑式的突破,被国际公认为最具发展前途和最具商用价值的新一代太阳能电力器件,亦是新能源产业中不可缺少的重要组成部分。

一、广纳群贤,协同创新,致力研发高效多结太阳电池

2008年,时任厦门乾照光电股份有限公司总经理的王向武总工程师来厦门大学进行校企对话,基于厦门大学半导体学科原有的砷化镓基Ⅲ-Ⅴ族化合物半导体太阳电池研发基础,表达了合作研发砷化镓基高效多结太阳电池的意愿,期望协同高校研发力量,将多结太阳电池的光电转换效率提升至29%,达国际领先水平。当时,康俊勇教授凭借其多年的化合物半导体材料制备经验和独到的学科洞察力,敏锐地意识到此项课题的广阔前景和重大意义,随即就合作的具体内容、形式等与对方进行了深入探讨并最终达成一致。

2009年8月,以厦门大学为牵头单位,双方合作申请了厦门市科技项目——"高效多结太阳电池特性研究"。项目实施期间,厦门大学利用自身的半导体学科优势,实现多结太阳电池新结构的模拟设计;采用X射线衍射、透射电子显微、椭圆偏振光谱等表征方法,分析各层的结构和尺度,以精密控制各功能层的尺寸;同时建立分结性能检测系统,对多结太阳电池中各子电池特性开展深入测试研究,为电池的设计和制备提供分析依据。作为合作方,企业则主要负责优化工艺参数和输送电池样品。3年后,该项目不仅如期取得预计成果,而且多结太阳电池的光电转换效率达32.13%,比最初计划目标高出约3%。更为可贵的是,通过项目研发,培养出了一支掌握高效多结太阳电池设计与制备先进技术的研发团队。

有了初次合作的成功经验,后续双方在申请项目、组建平台、人才培养等多方面,逐渐形成了厦门大学与乾照光电联合攻关,致力于产品开发和应用基础研究相结合的协同创新运作模式。目前,厦门大学与乾照光电联合研制的高效多结太阳电池,其性能达到国际同类产品先进水平,并已应用于我国卫星、神舟飞船、"嫦娥探月"等工程。

二、囊萤映雪,筑梦南强,建立电致发光光谱与分光成像联合测试系统

本文将此测试系统的建立过程单列一节来表述,不仅因为它是校企合作中由厦门大学承担的重要部分,对多结太阳电池的研发具有不可忽视的作用,更是为了迎合"纪念"的主题,意在以此为代表,将当时为多结太阳电池效率每一百分点的提升付出艰辛努力的工作者记录在册。这既源于对先行者的敬仰,又便于后继者从中获得前行的动力。

回首那段激情燃烧的岁月,就少不得提及小川智哉教授——康俊勇教授当年留学日本时的恩师。2009年,康俊勇教授向他谈及开发多结太阳电池分结检测技术的想法之初,即得到了恩师的高度赞赏和大力支持。小川教授当时已退休,但念及与爱徒的师生之谊,亦出于对中国人民的友好情感,他多次乘机往返中日两国,将自己珍藏的摄像管、相机、镜头等精密光学设备化作沉甸甸的行囊,随身携至厦门。有了这些设备基础,康俊勇教授引领的高效多结太阳电池研发团队开始了探索组建电致发光与分光成像检测系统的开拓性工作。当时还在厦大物理系攻读研究生的陈珊珊学姐和由小川教授力荐、深谙光学设计原理的陈立理先生同是这个团队的主力。从系统的设计、调试到最终的完善,期间经历了多少个日日夜夜,多少次论证和重建,当中的辛苦自不必言说。然而,当每一张清晰的电致发光图像呈现在大家眼前,所有的艰辛和付出便得到了最好的回报,而每一个闪着汗珠的日子也变得弥足珍贵。

2010年,该项成果已申请国家发明专利"多结太阳电池及各子电池交流电致发光测试方法和装置"并获得授权(专利号:200910112669.9)。该装置结合电致发光和成像技术,可方便快捷地实现多结太阳电池中各子电池缺陷信息的分别检测,既可以进行单片太阳电池的检测,又适用于太阳电池阵列。图1为小川智哉教授(左六)和陈立理先生(左五)在厦门大学合作建立电致发光光谱与分光成像联合测试系统期间与厦大部分研发人员的合影。

图1 2009年1月团队主要成员在厦门大学国际学术交流中心前合影留念

(注:从左至右分别为姜伟博士、吴雅苹博士、林伟博士、李书平教授、陈立理先生、小川智哉教授、康俊勇教授、陈珊珊博士、李金钗博士)

2013—2015 年,孔丽晶工程师加入此研发团队,利用"多结太阳电池及各子电池交流电致发光测试装置",对乾照光电提供的多片 GaInP/InGaAs/Ge 三结太阳电池进行分结检测,同时结合各子电池的量子效率,分析了子电池的缺陷类型及其对电池性能的影响,进一步完善了电致发光成像技术对分结探查三结太阳电池缺陷的可靠性论证,相关成果以论文形式发表在国际期刊上。

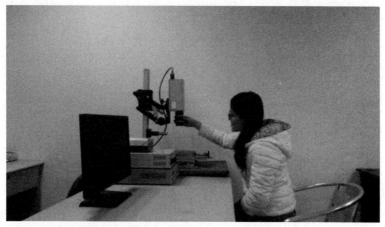

图 2 孔丽晶工程师在操作多结太阳电池及各子电池交流电致发光测试装置

三、桃李春风,承前启后,培养高端科技人才

人才是团队的支撑,也是延续工作的保证。作为团队的领导,更加深知其中的要义。2009 年,根据乾照光电提出的合作开发国际领先高效多结太阳电池的需求,厦门大学除对研发人员进行部署外,还实施了博士生高端人才培养计划。在完成研发任务的同时,选派有 MOCVD 半导体材料生长经验的张永博士到乾照光电就职,从事该成果的产业化工作。通过约两年的工艺摸索,电池性能与美国同类空间太阳电池相当,产品成功应用于国内多颗卫星和多个地面光伏电站,包括 2013 年底登陆月球的"嫦娥三号"。最新一代正装结构的砷化镓三结太阳电池(GaInP/GaAs/Ge)产品在空间光谱条件下的最高转换效率已达 30%(AM0)以上,在地面 500 倍聚光条件下的最高转换效率也超过了 41%(AM1.5,500sun),接近该结构太阳电池的理论极限。张永本人也因其在高效多结太阳电池研发方面的突出成果,荣获"福建省科学进步奖一等奖""厦门市科学进步奖一等奖"等系列奖项。

2013 年,厦门大学与乾照光电合作,联合培养博士后,指派姜伟博士到站开展新型高效多结太阳电池的研发工作,协同张永博士攻关国家"863"项目"带隙匹配的倒置四结太阳电池"和"兆瓦级高倍聚光太阳电池"。通过阶变缓冲层技术,研发出带隙更为匹配的 30 cm^2 大面积空间倒置四结太阳电池芯片,在 AM0

光谱下,转换效率达 34% 以上。在倒置空间电池的基础上,进一步研制了地面用聚光太阳电池,将多异质结结构隧穿结应用于倒置三结太阳电池结构中,电池转换效率已达到 43%(AM1.5,517sun)。另外,基于倒装太阳电池的技术原理,采用聚酰亚胺作为柔性衬底,研制了柔性薄膜砷化镓三结太阳电池,在空间光谱条件下电池转换效率达到 32%(AM0),是 CIGS 和 CdTe 薄膜太阳电池的 2 倍,也是目前转换效率最高的薄膜太阳电池。在提升电池效率的同时,康俊勇教授课题组还将聚光跟踪发电系统的研制融入硕士研究课题,使地面光伏应用具有更优的性价比。

根据该培养模式,2014 年,厦门乾照光电股份有限公司进一步完善企业博士后工作站和高校校外实践基地建设,主导对本行业各类技术人员的培训,提高行业工艺操作水平和工程实践能力;同时,企业技术骨干参与核心单位导师组,探索校企联合培养创新型人才、实用型人才的新模式,构建适应企业发展需求的人才输送渠道。

四、不忘初心,继续前进,再造光伏领域新辉煌

靡不有初,鲜克有终;不忘初心,方得始终。初心是处于起点时心怀的承诺与信念,是困境时履行的责任与担当。高效多结太阳电池研发者的初心源自融入血脉的民族自尊感和历史使命感——志在"收聚阳光,点亮世界"。自组团立项以来,我们怀揣最初的梦想,朝着心的方向,一路高歌,追逐太阳,斩棘前行。因着这份对光的执着热爱,纵将青丝染霜白,亦无怨无悔!

今后,我们将持续发挥团队在国内多结砷化镓基太阳电池领域的技术领先和产业化优势,占据高效多结太阳电池的技术制高点,打破发达国家对我国高效多结太阳电池的技术封锁和禁运局面,为我国开发空间领域和国防安全提供重要保障,也为我省开发经济、高效、清洁和可再生的新型能源,减少能源使用对环境的污染做出相应贡献。

探测痕量物质 保护环境安全

——分级结构纳米线阵列的可控制备及传感应用研究

黄胜利 晏晓岚 何冰 李书平

　　环境污染是当前社会面临的一个主要问题,由于对各种资源的挖掘和消耗,环境中可能存在着一些有毒有害物质,如易燃易爆气体、有刺激性气味的气体、农药残留物等。更为可怕的是,某些有毒有害物质,即使在环境中只有极其微小的含量,也会对人类造成巨大的伤害[1]。因此,环境中有毒有害物质的检测,特别是高灵敏度、痕量、快速的检测,对保护环境、保障人类安全、防止恐怖袭击等都具有重大的意义。然而,目前常规的探测器件,其灵敏度、选择性及稳定性等均不能满足要求,尤其是对高危物质的痕量检测。

　　纳米材料具有高比表面积、高活性、强吸附等特性,对环境中痕量高危物质十分敏感,可望实现痕量,甚至分子水平的检测[2,3]。由于纳米线具有更大的表面积、较小的有效介电常数、较高的晶体质量以及独特的波导效应,更是受到人们的青睐。作为探测传感器原件,不仅要求材料对检测成分具有比较高的灵敏度,还必须具有稳定性好、使用寿命长的特点。作为商业用途发展,更要求材料能够低成本且大面积制备,而普通金属和合金纳米线因容易被氧化都没办法达到预想的目标。2010 年,美国加州大学王德利教授研究组[4]首次成功合成了分级结构的 ZnO/Si 纳米线阵列,该材料的主干部分 Si 纳米线采用金属辅助刻蚀(metal-assisted chemical etching,MACE)技术,而枝状部分采用水热法生长(hydro-thermal growth,HTG),不要求任何高温高压环境,采用廉价的生长设备即可。由于 Si 的带隙只有 1.12 eV,其纳米线阵列具有很强的光吸收;且 Si 是现代工业的基础材料,能够很方便地跟已有的硅晶电子设备结合。ZnO 是直接宽带隙材料(3.37 eV),具有很强的激子结合能(60 meV)和很高的折射系数,能形成棒状、管状、花状等晶体结构,很容易在各种晶体上生长;并且该材料具有很稳定的物理化学特征,能够抵制酸、碱性气体和溶液的侵蚀,具有很好的保形性和稳定性;本身导电性强且无毒,适合应用于各种生物材料。两种半导体材料的有机结合,可以综合它们各自的优点和特性,将更有利于结构的调控、光谱的

吸收和电荷的输运。因此,该材料从被发现起,科学界就对它及其类似物进行了许多功能性研究[4-11],并展现出许多优异的特性和理想的应用前景。但是,我们发现,至今该阵列样品只有最终宏观形态表征,没有详细的生长细节分析,人们对分级结构的生长机制仍不清楚;其次,纳米线阵列的光吸收与材料的结构和能带密切相关。采用 HTG 生长的枝状 ZnO 纳米线一般都是 N 型半导体,但作为树干纳米线,Si 的导电类型可任由刻蚀基片的类型决定。当选用 N 型 Si 基片时,Si 纳米线导带和价带置于 ZnO 的导带和价带之间[12];而选用 P 型 Si 片时,Si 纳米线导带和价带置于 ZnO 导带的上下两侧[10]。因此,在这两种纳米材料的界面区域,它可产生一类(Type Ⅰ)和二类(Type Ⅱ)两种半导体异质结[13],其间的能级跃迁可由掺杂浓度调制。可以预测,这种异质结构纳米线的光电传感响应随 Si 掺杂类型和掺杂浓度的变化会有很大的差异,对该方面的系统研究有望克服半导体光谱吸收的能级极限,对今后寻找光电器件最佳能带匹配的异质结构纳米材料具有极好的指导意义。迄今已有的研究都只关注单一的 Si 材料跟 ZnO 纳米线或纳米薄膜的结合,更细致的对比分析显得非常必要。另外,该阵列材料的应用研究至今主要面向太阳能电池及水分解制氢,而传感应用研究未见报道。然而,这种三维异质结构纳米材料在传感应用的优异特性却显得尤为突出。相比于其他纳米材料,这种三维结构的样品具有更高的比表面积,可更大限度地跟探测对象接触。同时,我们能带分析表明,如果结合 P 型 Si 和 N 型 ZnO,并在阵列表面包覆一层贵金属(如 Ag),则贵金属层上激发的表面等离子体跟异质结的导带正好呈现一种连续递减的趋势,如图 1 所示,这可以加速样品的电子输运并增强它的光、电传感能力。

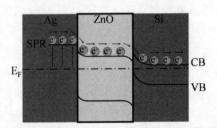

图 1　异质结构 Ag-ZnO-Si 纳米线阵列的能带结构

因此,如果能从理论上进行设计分析,调节理想的分级结构纳米线阵列成分、结构和能带布局;而在实验上,综合各种因素致力于阵列材料的生长机制和传感性能研究,则有望为下一代环境痕量传感器件的设计和构建提供重要的依据,对我国环境监测系统的升级、安全体系的建立亦具有重要的现实意义。

一、阵列的研制及结果讨论

1. ZnO/Si 纳米线阵列的制备过程探究

结合金属辅助刻蚀和水热法，我们系统探索了树状 ZnO/Si 纳米线宏观阵列分级结构的制备方法，并仔细研究了各种关键因素对阵列结构的影响规律，具体包括：①刻蚀液类型；②籽晶层沉积模式；③基片朝向；④生长周期。

应用三种不同的刻蚀液，我们对比分析了它们对 Si 纳米线阵列的影响：①应用 HF/AgNO$_3$ 溶液刻蚀 Si 纳米线阵列；②先应用 HF/AgNO$_3$ 溶液沉积 Ag 粒子，再用 HF/Fe(NO$_3$)$_3$ 溶液刻蚀 Si 纳米线阵列；③先应用 HF/AgNO$_3$ 溶液沉积 Ag 粒子，再用 HF/H$_2$O$_2$ 溶液刻蚀 Si 纳米线阵列。它们的代表性结构如图 2 所示。采用第一种方法，基片表面会形成平行排列的 Si 纳米线（或纳米带）阵列，它们朝基片法线生长，但纳米线直径不均，且在顶端逐渐变细，产生粗糙表面。采用第二种方法，Si 纳米线阵列整齐地沿基片法线生长，且纳米线表面平滑。采用第三种方法，Si 纳米线阵列会朝某一方向倾斜生长，且顶部出现密集的孔筛。这些形貌的不同主要是因为引入了不同的氧化剂，因此可以推断它们起源于这些氧化剂不同的氧化还原电势[14]。对比这三种刻蚀结果，最后我们选择了最简单，效果也比较理想的第一种刻蚀液作为后续实验的刻蚀液。

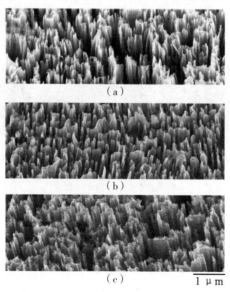

（a）

（b）

（c）

1 μm

（a）基片沉浸在 HF/AgNO$_3$（5.25/0.02 mol/L）水溶液中 20 min；（b）基片先沉浸在 HF/AgNO$_3$（4.6/0.01 mol/L）水溶液中 60 s 再转到 HF/Fe(NO$_3$)$_3$（4.6/0.135 mol/L）水溶液中 20 min；（c）基片先沉浸在 HF/AgNO$_3$（4.8/0.01 mol/L）水溶液中 10 s 再转到 HF/H$_2$O$_2$（4.6/0.4 mol/L）水溶液中 15 min

图 2　Si 纳米线的 SEM 图

枝部 ZnO 纳米线需要籽晶层催化生长，并且它的直径、排列、分布等结构特征与籽晶层密切相关。我们采用了原子层沉积和磁控溅射两种镀膜方法进行了实验探索，图 3 是应用两种方法镀膜制备 ZnO 籽晶层后生长的 ZnO/Si 纳米线阵列结构图。原子层沉积法的气源交替通入反应腔的特性，使得由该种方法制备的籽晶层的纳米颗粒粒径细小、均匀，且能够在各种曲率材料上同形包覆，因此由其制备的树状 ZnO/Si 纳米线阵列结构均一，枝部分布均匀；而由磁控溅射沉积籽晶层后生长的纳米线阵列，枝部 ZnO 纳米线直径前粗后细，只能在 Si 纳米线顶部（5 微米范围）生长，且分布不均匀。

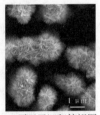

(a) 原子层沉积俯视图　(b) 磁控溅射俯视图　(c) 原子层沉积横绝面图　(d) 磁控溅射横绝面图

图 3　应用原子层沉积(a,c)和磁控溅射(b,d)沉积 ZnO 籽晶层后生长 ZnO/Si 纳米线阵列的 SEM 图

样品结构形貌也与生长时基片的朝向密切相关。当基片表面法线平行于液面法线时，ZnO 不能长成纳米线结构，而是形成一层薄膜包覆着整个 Si 纳米线，如图 4(c)；当基片表面法线垂直或反平行于液面法线时，ZnO 才能长成纳米线结构，形成枝状的 ZnO/Si 异质结纳米线分级结构，如图 4(a)和(b)所示。

(a) 基片法线垂直于液面生长　(b) 基片法线反平行于液面法线　(c) 基片法线平行于液面法线

图 4　ZnO/Si 纳米线阵列的 SEM 图

树干 Si 的粗细可由刻蚀液的浓度调节，它的长度可由刻蚀时间调节，而树枝 ZnO 的粗细取决于溶液的浓度和生长时的温度。由于磁力搅拌器探测的温度为搅拌器中的水温，与实际溶液温度存在一定误差，容易影响实验，因此每次实验前我们都需要进行温度校正，尽量保证溶液温度是我们所需的生长温度。枝状 ZnO 的长度同样取决于生长时间。图 5 显示了基片在 HF/AgNO₃ (5.25/0.02 mol/L) 水溶液中不同刻蚀时间后的 Si 纳米线阵列图和应用原子层沉积仔晶层后生长 ZnO/Si 纳米线阵列的 SEM 图。

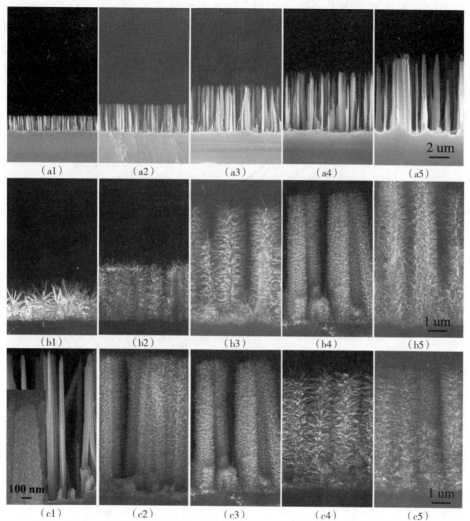

（a1）～（a5）Si 纳米线阵列，刻蚀时间分别为 5 min、10 min、15 min、20 min、25 min；（b1）～（b5）ZnO/Si 纳米线阵列，ZnO 生长时间为 40 min，Si 刻蚀时间分别为 5 min、10 min、15 min、20 min、25 min；（c1）～（c5）ZnO/Si 纳米线阵列，ZnO 生长时间分别为 0 min、20 min、40 min、60 min、80 min，Si 刻蚀时间为 20 min，（c1）中附图是籽晶层放大图

图 5　纳米线阵列 SEM

2. ZnO/Si 纳米线阵列的光学性质研究

具体工作包括：①研究了材料反射率随结构形貌尺度的变化规律；②研究了材料发光光谱随结构形貌尺度的变化规律；③研究了材料 Raman 光谱随结构形貌尺度的变化规律。

反射率测试分析表明，不管是枝部 ZnO 纳米线还是干部 Si 纳米线，它们对阵列的反射率都有明显的影响作用。当阵列水热生长 40 min 时（约 300 nm 长），对应 Si 刻蚀 5 min 到 25 min 的样品，它们的反射率都在 30% 以下；当 Si 刻蚀 20 min 时（约 0.5 μm 长），对应 ZnO 水热生长 20 min 到 80 min 的样品，它们的反射率都在 20% 以下。整体的反射率随树干 Si 和树枝 ZnO 长度的加长而减弱，并远小于单纯的 Si 纳米线阵列，如图 6 所示[15]。

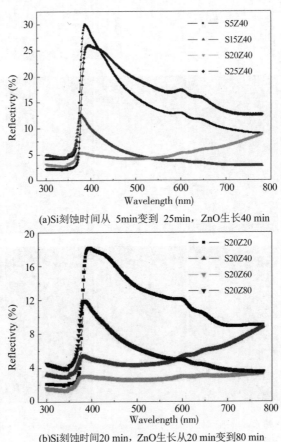

(a)Si刻蚀时间从 5min变到 25min，ZnO生长40 min

(b)Si刻蚀时间20 min，ZnO生长从20 min变到80 min

图 6　ZnO/Si 纳米线阵列的反射光谱

光致发光光谱如图 7 所示[15]，对于 ZnO 水热生长 40 min，Si 刻蚀 5 min 到 30 min 的样品，ZnO 的本征峰随 Si 纳米线长度的增加而减弱，这是因为 Si 在越长单位时间内生长，则在其上面的 ZnO 纳米线越短；而对于 Si 刻蚀 20 min，ZnO 水热生长 20 min 到 80 min 的样品，ZnO 纳米线越长，它的本征峰反而越弱，这是因为随生长时间的延长，ZnO 纳米线也越长，它们所占据的空间就越大，因此 Si 纳米线直接暴露于外界的空隙越小。Raman 光谱测试分析表明，ZnO/Si 纳米线阵列几乎具有相同强度的 Raman 光谱特征，并且，阵列表面加入一层 Ag 薄膜后会极大地增强其特征峰强度（约 10 倍），如图 8 所示。

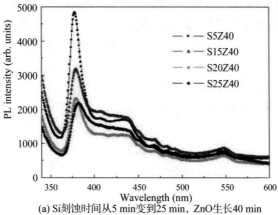

(a) Si刻蚀时间从5 min变到25 min，ZnO生长40 min

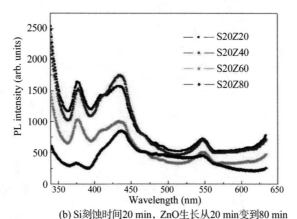

(b) Si刻蚀时间20 min，ZnO生长从20 min变到80 min

图 7　ZnO/Si 纳米线阵列的发光光谱

图 8　ZnO/Si 纳米线阵列包覆一层 Ag 薄膜前后的 Raman 光谱

3. ZnO/Si 纳米线阵列的传感应用研究

具体工作包括：①研究了树状 ZnO/Si 纳米线阵列检测罗丹明分子（R6G）的灵敏度；②研究比较了树状 ZnO/Si 纳米线阵列、ZnO 薄膜/Si 纳米线阵列、单纯 Si 纳米线阵列、单纯 ZnO 纳米线阵列、单纯 ZnO 薄膜、单纯 Si 基底等材料检测 R6G 的灵敏度。

对应 Si 刻蚀 20 min，ZnO 水热生长 40 min 的样品，当它表面包覆一层 20 nm 的 Ag 时，其对 R6G 的检测灵敏度可达 1×10^{-8} mol/L，如图 9 所示。

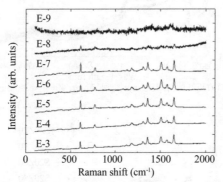

R6G 浓度从 1×10^{-9} mol/L 变化到 1×10^{-3} mol/L

图 9 ZnO/Si 纳米线阵列 Raman 光谱信号对不同 R6G 浓度的响应

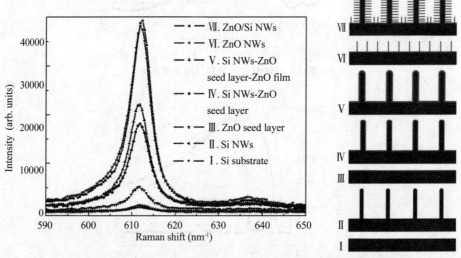

图 10 不同结构材料 Raman 光谱信号对 R6G 的响应及它们的结构示意图

Raman 光谱信号随异质结纳米线中 Si 纳米线和 ZnO 纳米线的加长而增强，并且，ZnO 纳米线的增强效应更加明显。在各种不同结构材料 Raman 光谱信号对 R6G 响应比较中，树状 ZnO/Si 纳米线阵列的检测信号最为明显，如图 10 所示。这与 ZnO 和 Si 的异质结构、互补的能带结构、巨大的比表面积、独特的纳米曲率效应、电磁场强度分布等密切相关，相应的能谱分析和表面电磁场特征模拟等正在进行中。

二、存在问题与展望

在以上的应用研究里，我们只分析讨论了阵列对染料分子 R6G 的检测能力，对环境中痕量高危物质的检测和分解才是我们今后研究的重点。另外，分级结构纳米线阵列的应用不只限于传感，也可应用于催化、光电池、电容等领域，相信这几方面的探索可以拓展该材料的应用前景。最后，在已有的文献中，对分级结构纳米线材料一些基本的物理原理仍缺乏探索，包括掺杂对材料的能带调制、晶格失配、界面物理和化学性质、表面功能改性等，这几个方面的研究有助于微观及宏观异质材料的构筑和应用。

参考文献

［1］E.S.Martenies，M.J. Perry.Enviro nmental and occupational pesticide exposure and human sperm parameters：A systematic review[J]. Toxicology,2013,307：66-73.

［2］G. Z. Cao, Y. Wang. Nanostructures and Nanomaterials［M］. 2nd Edition. World Scientific Publishing Co. Pte. Ltd ,2011.

［3］CarstenSonnichsen. Detecting intruders on the nanoscale［J］. Science,2011,332：1389-1390.

［4］K. Sun，Y. Jing, N. Park, C. Li，Yoshio Bando, D.L. Wang. Solution synthesis of large-scale：high-sensitivity ZnO/Si hierarchical nanoheterostructure photodetectors［J］. Journal of American Chemical Society,2010,132：15465-15467 .

［5］K. Sun，Y. Jing, C. Li，X. F. Zhang，Ryan Aguinaldo, Alireza Kargar, Kristian Madsen, Khaleda Banu, Y.C. Zhou，Yoshio Bando, Z.W. Liu, D. W. Wang. 3D branched nanowire heterojunctionphotoelectrodes for high-efficiency solar water splitting and H2 generation[J]. Nanoscale,2012,4：1515-1521.

［6］Seong-Ho Baek, Seong-Been Kim，Jang-Kyoo Shin, Jae Hyun Kim.Preparation of hybrid silicon wire and planar solar cells having ZnO antireflection coating by all-solution processes[J]. Solar Energy Materials & Solar Cells,2012,96：251-256.

［7］M.M. Shi, X.W. Pan, W.M. Qiu, D.X. Zheng, M.S. Xu，H.Z. Chen.Si/ZnO core-shell nanowire arrays for photoelectrochemical water splitting ［J］. Internal Journal of Hydrogen Energy,2011,36：15153-15159.

［8］AlirezaKargar, K. Sun, Y. Jing, Chulmin Choi, Huisu Jeong, Y.C. Zhou, Kristian Madsen, Perry Naughton, Sungho Jin, Gun Young Jung, Deli Wang. Tailoring n-ZnO/p-Si branched nanowire heterostructures for selective photoelectrochemical water oxidation or reduction[J]. Nano Letters,2013,13 (7): 3017-3022.

[9] AlirezaKargar, K. Sun, Y. Jing, Chulmin Choi, Huisu Jeong, Gun Young Jung, Sungho Jin, Deli Wang. 3D nranched nanowire photoelectrochemical electrodes for efficient solar water splitting[J]. ACS Nano,2013:7(10): 9407-9415.

[10] S.S. Lv, Z.C. Li, C.H. Chen, J.C. Liao, G.J. Wang, M.Y. Li, W. Miao.Enhanced field emission performance of hierarchical ZnO/Si nanotrees with spatially branched heteroassemblies[J]. ACS Applied Materials & Interfaces,2015,7: 13564-13568.

[11] W.J. Sheng, B. Sun, T.L. Shi, X.H. Tan, Z.C. Peng, G.L. Liao.Quantum dot-sensitized hierarchical micro/nanowire architecture for photoelectrochemical water splitting [J]. ACS Nano 8 (7): 7163-7169.

[12] J.Y. Ji, W.H. Zhang, H.Q. Zhang, Y. Qiu, Y. Wang, Y.M. Luo,L.Z. Hu. High density Si/ZnO core/shell nanowire arrays for photoelectrochemical water splitting [J]. Journal of Materials Science: Materials in Electronics,2013,24: 3474-3480.

[13] Sergei A. Ivanov, Andrei Piryatinski, Jagjit Nanda, Sergei Tretiak, Kevin R. Zavadil, William O. Wallace, Don Werder, Victor I. Klimov. Type-II core/shell CdS/ZnSe nanocrystals: synthesis, electronic structures, and spectroscopic properties[J]. Journal of American Chemical Society,2007,129: 11708-11719 .

[14] S.L. Huang, Q.Q. Yang, B.B. Yu, D.G. Li, R.S. Zhao, S.P. Li, J.Y. Kang. Controllable synthesis of branched ZnO/Si nanowire arrays with hierarchical structure[J]. Nanoscale Research Letters,2014, 9:328.

[15] Q.Q. Yang, D.G. Li, B.B. Yu,S.L. Huang, J.Y. Wang, S.P. Li, J.Y. Kang. Size effect on morphology and optical properties of branched ZnO/Si nanowire arrays[J].Physics Letters A,2016, 380: 044-1048 .

162

GaN 基 LED 工作时晶格伸缩的直接探测

郑锦坚

GaN 基发光二极管(LED)已取得革命性的技术进步,目前已广泛应用于手机背光照明、电视背光照明、显示照明、路灯、景观灯等领域[1,2]。但大电流注入条件下产生的效率衰减(efficiency droop)问题已日益成为 LED 固态照明进一步发展的主要障碍。许多课题组和企业投入大量的研发经费对氮化物半导体 LED 的效率衰减进行研究,如通过降低载流子密度[3,4]、提升电子限制效应、增加空穴注入[5,6]等方法来降低效率衰减。同时,在研究过程中许多效率衰减的物理机制也被陆续提出,如俄歇复合效应[7]、载流子非局域化[8]、偏少的空间穴注入[9,10]、载流子泄漏[11]、减少的自发发射[12,13]、非辐射复合效应[14]等。效率衰减可以简单分为两大类:①电流相关的效率衰减,即随着电流的上升,效率呈下降趋势;②温度相关的效率衰减,即温度上升,效率呈下降趋势[15,16]。

163

为了对效率衰减(efficiency droop)进行深入研究,了解其深层次的物理机理,必须先解决效率衰减的直接探测问题。由于缺乏相关的设备,目前很少有机构或单位可以在实验上对影响 LED 效率衰减的主要参数进行直接测量。因为在电流注入的情况下,进行直接测试存在很大的困难,特别是难以对大部分与温度和电流直接相关的物理参数进行区分。缺乏直接的探测方法极大地阻碍了对衰减效率起源的物理机制的深入研究。近期有相关课题组提出一种可以在电流注入条件下直接观测 LED 发射俄歇电子的测试方法,他们在电流密度大于 50 A/cm^2 条件下观测到俄歇电子的信号[2,7],从而证明俄歇效应为效率衰减的一种主要的物理机制[17]。但是,由于俄歇效应仅发生在高电流注入条件下,因此,该效应无法解释在低电流注入条件下的效率衰减问题[4]。

一般情况下,载流子浓度 n 随着温度变化而变化的现象可通过热平衡状态下的费米-狄拉克分布来解释。通过 APSYS 软件的 ABC 模型计算[4,18],当 LED 的结温从 300 K 升高至 600 K 时,内量子效率仅发生 6% 的变化。通过载流子浓度的热激活模型计算的结温上升引起效率衰减的弱相关性无法解释实验

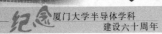
观测到的电流上升导致的严重效率衰减现象[15,16]，因此，除了热载流子激活外，尚存在其他引起 LED 效率衰减的因素。

　　研究效率衰减的原因，必须重点考虑与温度相关的机械应力特性和电导特性。与温度关系特别大的一个最重要的机械应力特性是晶格常数。由于 LED 有源区的量子阱和垒存在明显的热膨胀系数的差异，当温度变化时，有源区会产生明显的热失配应力的变化。在 III-V 族纤锌矿氮化物 LED 中，晶格常数变化会引起压电极化效应的变化。因此，温度和电流相关的晶格常数变化会影响电子结构、跃迁几率，甚至是量子效率。尽管如此，在电流注入条件下直接观测 LED 的应力变化仍然是一个巨大的挑战。

　　为了在 LED 工作时对其晶格伸缩的应力进行直接探测和分析，必须解决三个主要的问题：①晶格伸缩应力的直接探测设备的搭建；②LED 工作时的晶格伸缩应力测试；③探测数据的理论模型构建与分析。在三安光电从事 GaN 基 LED 的 MOCVD 外延研究两年后，虽然取得了一定的成绩，申请了 30 多件的国家发明专利及美国发明专利并屡次获得公司颁布的优秀员工表彰，但我还是发现自身的专业功底仍较薄弱，制约了未来的发展。为了进一步提升自身的研究水平和理论能力，我重新考回课题组的博士进一步深造。由于硕士研究生阶段主要从事 ZnO 纳米线的实验研究，对 LED 晶格伸缩应力探测系统的理论和设备缺乏了解，同时，理论计算方面涉及较少，特别是对 APSYS 和第一性原理 VASP 计算方法均不熟悉。万事开头难，在困难面前有人选择懈怠，有人选择迎难而上。科学研究如逆水行舟，不进则退；博士毕业只有一条路，即迎难而上，如果倒退，还得重新再走回来，所以更要继续前进。为了攻克面前遇到的各种难题，我心里感觉压力很大，思路比较迷茫与混乱。

　　幸好有康老师的悉心指导，根据我的特长和经验因材施教，从已掌握的 LED 外延和芯片制备以及拉曼表征技术等梳理出可创新关键点，突破芯片原位拉曼表征的难题，明确了以行业和企业急需解决 LED 产品效率衰减问题为研发目标。通过对实验和理论相关的文献进行调研，制定研究的实验方案，设计出了一套直接观测在电流注入条件下 GaN 基蓝光发光二极管 LED 晶格伸缩应力变化的技术（专利公开号：CN104833450 A），该系统可在不同电流注入下 LED 发光时测试其应力的实时变化。在李书平老师指导下与与孙湃、包翔龙的探讨中，我逐渐掌握了 LED 的 APSYS 理论模拟计算方法；在林伟师兄、郭飞、郑同场、高娜等同学的帮助下，克服了对理论计算的恐惧，掌握了 VASP 第一性原理的计算方法。在康老师和林伟师兄的指导下，采用 a 轴和 c 轴变化时取能量最低的应变来对 LED 量子阱模型施加双轴应力的方法来研究不同应变条件下 GaN 基和 AlGaN 基 LED 量子阱模型的光电性能。采用第一性原理计算来解释应力与温度和电流的关系，并揭示在不同双轴应力变化引起的带内量子态的跃迁概率和效率衰减的内在关系。通过控制蓝宝石的厚度实现压应力的改变,确认了应力与效率的关联,掌握效率与应力的变化规律,提出了通过应力调控改善效率衰减效应的技术方案。

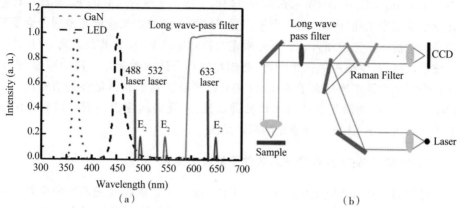

(a)GaN 基蓝光发光二极管的电致发光谱,488 nm、532 nm、633 nm 的激光波长以及>600 nm 的长波通滤波器的光谱示意图;(b)插入长波通滤波器的拉曼测试系统示意图

图 1　LED 的原位应力测试系统

一、实验方法:构建一套拉曼测试系统

拉曼散射可以作为测试半导体应力的方法。但拉曼散射光一般较 LED 发光的强度低 2～3 个数量级。因此,需要重新设计并优化拉曼散射系统来避免在电流注入条件下 LED 产生的荧光的干扰。特别是大电流注入情况下,LED 发光的强度很大,拉曼散射信号会受到严重的干扰而导致无法进行测试。一般情况下,GaN 基蓝光发光二极管的发光波谱包含 455 nm 附近的多量子阱产生的发光峰和 500～600 nm 缺陷相关的黄带发光峰。而拉曼散射击产生两种可能的输出,一种出现在激发激光源的低能端,称为斯托克斯拉曼散射;另一种出现在高能端,称为反斯托克斯拉曼散射。在热动力平衡条件下,斯托克斯拉曼散射强于反斯托克斯拉曼散射。因此,实验测试一般采用斯托克斯拉曼散射。理论上,波长短于或长于半导体的带边发光峰的激光可以被用于斯托克斯拉曼散射系统来避免荧光的干扰。基于以上原理,对于 GaN 基材料,紫外或深紫外的激光器可以用来作为拉曼测试的光源。但由于目前缺少以上波段的激光器,所以,暂无法使用紫外或深紫外的激光器来进行测试。拉曼散射一般使用可见光波段的激光器来进行测试,包含 Ar^+ 488 nm 激光器、532 nm Nd:YAG 的绿光激光器和 633 nm 的 He-Ne 激光器。激光沿着 GaN 基 LED 的(0001)表面入射的背散射测试方法可用来测量 E_2 模的声子频率随双轴应力的变化[19]。相比无应力

的 GaN 的 E_2 模，压应力随着 E_2 模的声子频率的上升而上升，张应力随着 E_2 模声子频率的上升而下降。无应力的 GaN 的 E_2 拉曼声子频率为 567.1 cm^{-1}[20,21]，不同激光波长 488 nm、563 nm、633 nm 对应的 GaN 的 E_2 波长分别为 501.9 nm、548.6 nm 和 656.6 nm，如图 1 所示。尽管所有的 E_2 模都可以避开量子阱主发光峰，但是，前两个模在量子阱发光峰的边缘或黄光范围内会受到荧光的干扰。相比较而言，633 nm 激光波长对应的 E_2 模的波长远离 LED 的荧光波谱，可以有效地避免荧光干扰，是相对比较合适的激光器。进一步地，我们在拉曼测试系统中增加大于 600 nm 的长波通滤波器来获得足够的信噪比。通过采用 633 nm 的激光器和插入长波通滤波器，我们构建出一套可以直接测试电流注入条件下 LED 应力变化的测试系统。

二、实验结果：不同电流注入条件下的应力变化

我们通过测试不同电流注入条件下的 GaN LED 的拉曼光谱来研究效率衰减。拉曼散射采用 Renishaw UV-vis 1000 的拉曼显微镜，激光波长为 633 nm。将 GaN 基 LED 放置在室温 300 K 条件下，测试电流为 20～700 mA 的范围。拉曼散射的激光垂直于样品表面入射，采用背散射的方式收集 100～1000 cm^{-1} 的拉曼光谱。由于整个 LED 结构的拉曼移动来源于 N-GaN、量子阱的阱层和垒层以及 P 型层，因此，分析具体的拉曼峰的起源是一个复杂的过程。如果只考虑层的厚度，N 型 GaN 具有最大的厚度，理论上可以贡献最多的拉曼频移。然而，在电流注入条件下，有源层作为辐射复合中心引起最大的压降并产生最大的载流子，意味着作为有源层的 GaN 垒层和阱层具有更大的拉曼敏感度，被视为引起拉曼频移的主要外延。

在无电流注入的条件下，GaN 基 LED 具有位于 569.9 cm^{-1} 的 GaN 标准 E_2 模和位于 736.2 cm^{-1} 的 GaN A1 模。如图 2(a) 和图 2(b) 所示，随着电流上升，GaN E_2 模的拉曼波数呈下降趋势，随着电流从 0mA 上升至 700 mA，拉曼的频移约 4.4 cm^{-1}。由于 E_2 声子频率受双轴应力的影响，因此，E_2 声子频率移动 $\Delta\omega$ 与 GaN 层双轴应力 σ_a 的关系如式(1)所示：

$$\sigma_a = \frac{\Delta\omega}{4.3}(\text{cm}^{-1}\text{GPa}^{-1}) \tag{1}$$

通过以上的公式可知，在不同电流注入条件下的双轴应力可以通过计算 E_2 声子频移获得，即在某个电流注入条件下的 GaN E_2 声子频率与无应力 GaN 的声子频率的差值。由于无应力的 GaN 的声子频率位于 (567.1 ± 0.1) cm^{-1}[20]，所以，无电流注入条件下的 GaN 基 LED 受到 0.65 GPa 的压应力，如图 2(c) 所示。当电流上升时，双轴压应力弛豫；当电流上升至 500 mA，产生双轴张应力，并随着电流上升至 700 mA，双轴张应力上升至 0.38 GPa。众所周知，应力变化会影响Ⅲ族氮化物的材料特性[22,23]，如极化场和电子结构。当注入电流从 20 mA上升至700 mA时，直接测试的应力从压应力变化至张应力，变化幅度约 1.03 GPa。因此，这意味着在电流注入条件下产生的应力变化将引起GaN复杂 的特性及效率衰减的变化。

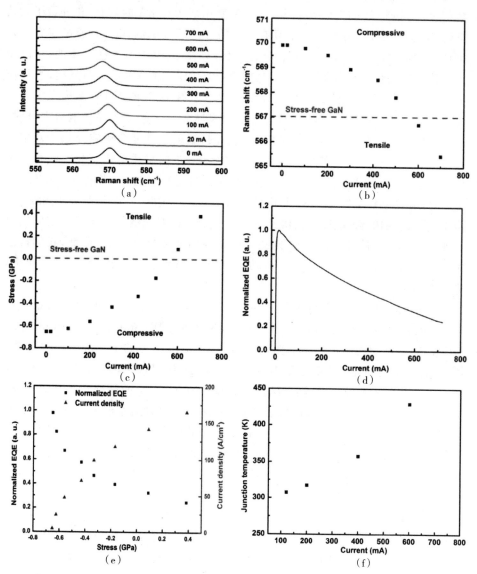

（a）在电流从0 mA到700 mA注入时的GaN基发光二极管LED的拉曼光谱；（b）拉曼峰位随着电流变化而变化；（c）双轴应力随注入电流变化而变化；（d）归一化外量子效率随电流变化而变化；（f）结温随电流的上升而变化

图2　GaN基发光二极管的拉曼光谱及变化

三、理论计算:不同应力变化条件下的结构和性质变化

我们通过比较电流相关的外量子效率和应力变化来研究效率衰减的来源。外量子效率随着电流变化而变化的关系如图 2(d) 所示。与大部分的蓝光 LED 类似[11,24],该蓝光 LED 在电流从 10 mA 变化至 700 mA 时,归一化外量子大约下降 70%,同时,10 mA 条件下具有最高的外量子效率约 65%。通过应力公式可计算出不同电流注入情况下的应力变化,如图 2(c) 所示。进一步地,可以得出不同应力条件下的外量子效率和电流密度,如图 2(e) 所示。明显地,当压应力从 0.65 GPa 弛豫至无应力时,外量子效率衰减最严重。当应力从无应力变化至 0.38 GPa 张应力过程中,外量子效率衰减相对平缓。当注入电流上升时,不仅双轴应力变化会影响外量子效率的衰减,温度上升亦会影响外量子效率的衰减。为了评估温度对外量子效率衰减的影响,我们采用电压变化方法测量了 PN 结的结温。如图 2(f) 所示,结温随着电流的上升而上升,当电流上升至 700 mA 时,结温上升至约 450 K,上升幅度约 150 K。然后,我们采用基于 SRH 和俄歇复合的 APSYS 模拟方法研究结温上升 150 K 对应的效率衰减。实验结果表明,当结温上升 150 K 时,LED 的效率衰减幅度不超过 5%。因此,我们推断主要的外量子效率衰减的原因为双轴应力变化,特别是在低电流注入的情况下,应力作用更明显。

由于 InN 和 GaN 之间存在 11% 的双轴晶格失配和 32% 的热膨胀系数差异[25],因此,随着结温上升,$In_xGa_{1-x}N/GaN$ 多量子阱(multiple quantum well, MQW)的双轴应力必定会产生变化。具有 18% In 组分的 $In_xGa_{1-x}N$ 量子阱,因为 GaN 垒层的晶格常数小于 $In_xGa_{1-x}N$ 阱层,所以,GaN 垒层受到张应力作用。通过热膨胀系数计算,随着结温上升至 150 K,GaN 的晶格常数从 3.189A 上升至 3.194 A。通过线性内插法计算 $In_{0.18}Ga_{0.82}N$ 随着结温上升至 150 A,其晶格常数从 3.250 A 上升至 3.256 A,对应的晶格失配下降约 1.9%。因此,随着结温的上升,GaN 垒层受到的张应力弛豫,即压应力上升。该温度与应力的趋势与直接测试应力随电流变化的趋势不相符,因此,热失配不是导致应力变化的原因。

一般情况下,Ⅲ族氮化物具有压电效应,则电子积聚可能会影响晶格的应力变化。我们通过第一性原理来计算不同电子数量对晶格结构的影响[26,27],从而研究 $In_xGa_{1-x}N/GaN$ 的电子积聚对应力变化的影响。我们采用与实验结构比例相近的 6 对 $In_{0.25}Ga_{0.75}N/GaN$ 量子阱及 1:3 的阱垒比例的模型来进行第一性原理计算。计算结果如下:随着电子数量的上升,a 轴和 c 轴的晶格常数均呈上升趋势,相应地,随着电子数量的下降,a 轴的晶格常数亦呈下降趋势,如图 3 所示。随着电子数量下降至 5,即相应的空穴数量上升至 5,量子阱的双轴压应

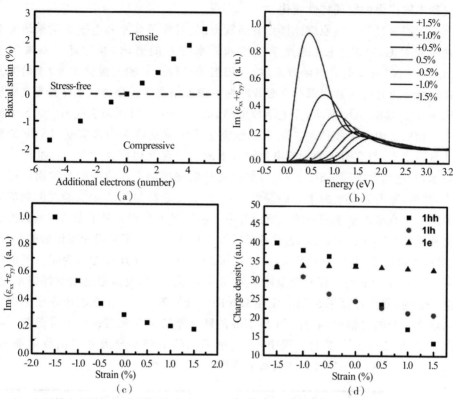

（a）双轴应力随多余电子数的变化；（b）介电函数虚部随双轴应变的变化而变化；（c）介电
函数虚部的强度随应力的变化而变化；（d）1hh 第一重空穴、1lh 第一轻空穴、1e 电子随应变的
变化而变化

图 3　第一性原理计算

力上升至 1.7%。相对地，当电子数量上升至 5，随着量子阱的电子积聚，量子阱
的双轴应力变为张应力并变化至 2.3%。由于 GaN 基 LED 的 N 型载流子浓度
至少较 P 型载流子浓度高 1 个数量级，因此，当电流注入时，LED 的量了阱在一
般情况下会产生电子积累的现象，随着电子积累数量上升，压应力会弛豫并逐渐
转为张应力。

　　GaN 基 LED 的外延结构生长在蓝宝石衬底上，虽然采用缓冲层技术来释
放失配应力，但是，GaN 晶格仍受到较强的残余压应力的影响。在低电流注入
情况下，多余电子产生的张应力不足以补偿残余压应力，MQW 量子阱受到压应
力的作用。而在高电流注入情况下，电子相关的张应力逐渐上升并强于残余压
应力，从而 MQW 受到应力变为张应力。因此，当注入电流上升时，GaN 基 LED
受到的应力从压应力逐渐变化为张应力。通过以上的应力变化关系，我们第一
性原理选择 -1.5% ～ +1.5% 的应力变化范围来研究 $In_xGa_{1-x}N/GaN$ MQW

受到不同应力的物理特性变化。

我们通过第一性原理计算介电函数虚部、载注子分布和电子结构来研究双轴应变对 GaN 基 LED 的光学性质和效率衰减的影响,通过计算双轴应变 $In_xGa_{1-x}N/GaN$ 的介电函数虚部 ε_2(相当于平行于 c 轴的极化发光)来研究其跃迁概率。介电函数虚部的光吸收特性一般采用费米黄金法则来计算光学跃迁比率[28]。如图 3(b)所示,介电函数虚部 $Im(\varepsilon_{xx}+\varepsilon_{yy})$ 可用来表征测 $\langle 0001\rangle$ 方向非极化的带内光吸收比例。随着双轴应变从压应变转变为张应变,1h-1e 的跃迁带隙变大,与实验观测到的电流注入下的蓝移现象相符合[29,30,31]。如图 3(c)所示,介电函数虚部 $Im(\varepsilon_{xx}+\varepsilon_{yy})$ 的带边峰值强度随着压应变的弛豫而迅速变小,然后,随着张应变的上升而缓慢上升,该变化趋势与图 2(e)实验观测到的应力随效率衰减的现象相一致。跃迁几率一般情况下与相关量子态的波函数的交叠和跃迁矩阵元相关,可以通过量子能级的局域电荷密度来研究波函数的分布。如图 3(d)所示,我们重点研究 1e、1lh 和 1hh,在应力从压应变转为张应变的过程中,1hh 和 1lh 的电荷密度急剧下降,而对应的 1e 的电荷密度基本保持不变。进一步地,我们计算了 1e-1lh 和 1e-1hh 的跃迁矩阵元[32],在双轴压应变弛豫及张应变上升的过程中,1e-1lh 和 1e-1hh 的跃迁矩阵元呈现缓慢的上升趋势。因此,在压应变到张应变的过程中,空穴量子态的下降是导致介电函数虚部 $Im(\varepsilon_{xx}+\varepsilon_{yy})$ 的强度下降及效率衰减的原因。

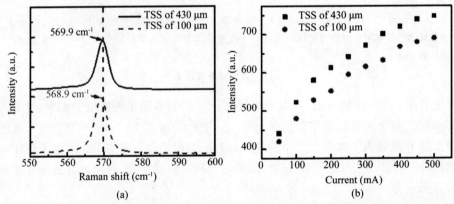

(a) 衬底厚度为 100 μm 和 430 μm 的 GaN 基发光二极管 LED 的拉曼光谱;(b)衬底厚度为 100 μm 和 430 μm 的 GaN 基发光二极管 LED 在电流从 0 mA 上升至 500 mA 的发光强度

图 4　GaN 基 LED 的双轴应力的控制

为了进一步证明双轴应力对效率衰减影响的物理机制,我们对比减薄及未减薄蓝宝石的两个 LED 样品的效率。我们测试了 100 μm 和 430 μm 蓝宝石厚度的 GaN 基 LED 样品的拉曼频移,如图 4(a)所示,具有 100 μm 蓝宝石的 LED 样品的 GaN E_2 模的拉曼峰位于 568.9 cm^{-1},而具有 430 μm 蓝宝石的 LED 样品的 GaN E_2 模的拉曼峰位于 569.9 cm^{-1}，因此，该样品的拉曼频移约 1 cm^{-1}，应力变化约 0.23 GPa，从以上数据可以看出，通过减薄蓝宝石可以使双轴压应力弛豫。我们测试 100 μm 和 430 μm 蓝宝石的两个 LED 样品在 0～500 mA 的发光强度（luminescence intensity），如图 4(b)所示。当蓝宝石减薄后，发光强度下降约 8%，进一步证明双轴压应力下降会引起亮度和效率的下降。因此，通过双轴应力与效率的关系，我们未来有可能控制 GaN 基 LED 的应力来提升 LED 的发光效率并改善效率衰减的问题。

参考文献

[1] P.Pust, P. J.Schmidt, W. Schnick. A revolution in lighting[J]. Nat. Mater.,2015, 14: 454-458.

[2] S. F.Chichibu, et al.Origin of defect-insensitive emission probability in In-containing (Al,In,Ga)N alloy semiconductors[J]. Nature materials,2006,5: 810-816.

[3] D. S. Meyaard, et al. Asymmetry of carrier transport leading to efficiency droop in GaInN based light-emitting diodes[J]. Applied Physics Letters,2011,99: 251115.

[4] Q. Dai, et al. On the symmetry of efficiency-versus-carrier-concentration curves in GaInN/GaN light-emitting diodes and relation to droop-causing mechanisms[J]. Applied Physics Letters,2011,98: 033506.

[5] Y. Ji, et al.Enhanced hole transport in InGaN/GaN multiple quantum well light-emitting diodes with a p-type doped quantum barrier[J].Optics Letters,2013,38: 202.

[6] J.Simon, V.Protasenko , C.Lian, H.Xing, D.Jena.Polarization-induced hole doping in wide-band-gap uniaxial semiconductor heterostructures[J]. Science,2010,327: 60-64.

[7] Y. C.Shen, et al. Auger recombination in InGaN measured by photoluminescence[J]. Applied Physics Letters,2007,91: 141101.

[8] G. Verzellesi, et al. Efficiency droop in InGaN/GaN blue light-emitting diodes: Physical mechanisms and remedies[J]. Journal of Applied Physics,2013,114: 071101.

[9] J. Xie, et al. On the efficiency droop in InGaN multiple quantum well blue light emitting diodes and its reduction with p-doped quantum well barriers[J]. Applied Physics Letters,2008,93: 121107.

[10] J. P.Liu, et al.Barrier effect on hole transport and carrier distribution in InGaN multiple quantum well visible light-emitting diodes[J]. Applied Physics Letters, 2008, 93:021102.

[11] D. S.Meyaard, et al. Identifying the cause of the efficiency droop in GaInN light-emitting diodes by correlating the onset of high injection with the onset of the efficiency droop [J]. Applied Physics Letters,2013,102: 251114.

[12] J.Piprek.Efficiency droop in nitride-based light-emitting diodes[J].Physica Status Solidi (A) Applications and Materials Science,2010,207: 2217-2225.

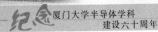

[13] K. Okamoto, et al. Surface-plasmon-enhanced light emitters based on InGaN quantum wells[J]. Nature Materials,2004,3:601-605.

[14] A. Hangleiter, et al. Suppression of nonradiative recombination by V-shaped pits in InGaN/GaN quantum wells produces a large increase in the light emission efficiency[J]. Physical Review Letters,2005,95:127402.

[15] D. S. Meyaard, et al. Temperature dependent efficiency droop in GaInN light-emitting diodes with different current densities [J]. Applied Physics Letters, 2012, 100:081106.

[16] J. Hader, J. V. Moloney, S. W. Koch. Temperature-dependence of the internal efficiency droop in GaN-based diodes[J]. Applied Physics Letters,2011,99:181127.

[17] J.Iveland, L Martinelli, J.Peretti, J. S.Speck, C.Weisbuch. Direct measurement of auger electrons emitted from a semiconductor light-emitting diode under electrical injection: identification of the dominant mechanism for efficiency droop[J]. Physical Review Letters, 2013,110:177406.

[18] Y. Yang, Y. Zeng, Alternating InGaN barriers with GaN barriers for enhancing optical performance in InGaN light-emitting diodes[J]. Journal of Applied Physics,2015,117: 035705.

[19] C. Kisielowski, et al. Strain-related phenomena in GaN thin films[J]. Physical Review B,1996,54: 17745-17753.

[20] Zhang, L. et al.Influence of stress in GaN crystals grown by HVPE on MOCVD-GaN/6H-SiC substrate[J]. Scientific Reports,2014,4: 4179.

[21] Y.Kobayashi, K.Kumakura , T.Akasaka, T.Makimoto. Layered boron nitride as a release layer for mechanical transfer of GaN-based devices[J]. Nature,2012,484:223-227.

[22] Q.Yan, P.Rinke, A.Janotti, M.Scheffler, C. G.Van de Walle.Effects of strain on the band structure of group-III nitrides[J]. Physical Review B,2014,90:125118.

[23] W.Lin, et al. Band engineering in strained GaN/ultrathin InN/GaN quantum wells [J]. Crystal Growth & Design,2009,9:1698-1701.

[24] J. H.Park, et al. Enhanced overall efficiency of GaInN-based light-emitting diodes with reduced efficiency droop by Al-composition-graded AlGaN/GaN superlattice electron blocking layer[J]. Applied Physics Letters,2013,103: 061104.

[25] J. Wu. When group-III nitrides go infrared: new properties and perspectives[J]. Journal of Applied Physics,2009,106:011101.

[26] S. L.Chuang, C. S.Chang.k • p method for strained wurtzite semiconductors[J]. Physical Review B,1996,54: 2491-2504.

[27] D. Y.Kim, et al.Overcoming the fundamental light-extraction efficiency limitations of deep ultraviolet light-emitting diodes by utilizing transverse-magnetic-dominant emission [J]. Light: Science & Applications,2015,4: e263.

[28] N.Gao, et al. Quantum state engineering with ultra-short-period (AlN)m/(GaN)n

superlattices for narrowband deep-ultraviolet detection[J]. Nanoscale,2014,6:14733-14739.

[29] J.Xu, et al. Reduction in efficiency droop, forward voltage, ideality factor, and wavelength shift in polarization-matched GaInN/GaInN multi-quantum-well light-emitting diodes[J]. Applied Physics Letters,2009,94: 011113.

[30] Z. G.Ju, et al. Improved hole distribution in InGaN/GaN light-emitting diodes with graded thickness quantum barriers[J]. Applied Physics Letters,2013, 102: 243504.

[31] W.Wang, W.Yang, F.Gao, Y.Lin, G.Li. Highly-efficient GaN-based light-emitting diode wafers on $La_{0.3}Sr_{1.7}AlTaO_6$ substrates[J]. Scientific Reports,2015, 5: 9315.

[32] W.Lin, S.Li, J.Kang. Polarization effects on quantum levels in InN/GaN quantum wells[J]. Nanotechnology,2009, 20:485204.

Si 上 Mg 和 Zn 原子的针尖细活

陈晓航

Si 作为最基本的半导体材料,其表面结构和外延生长长期以来一直是理论和实验上共同关注的重要研究课题[1],对其结构和性质的理解,能够为制备纳米器件的结构单元提供重要的技术支持。在过去十多年间,利用 Si(111)-(7×7)表面的周期结构作为模板,合成出了各种全同有序金属纳米团簇阵列[2-6],如图 1 所示。这些纳米团簇不仅在纳米器件中具有应用价值,而且其本身也蕴涵着丰富的物理现象。因此,研究 Si(111)-(7×7)表面的物质的吸附行为和生长过程以及有序阵列的结构性质成为纳米器件制备的基础。

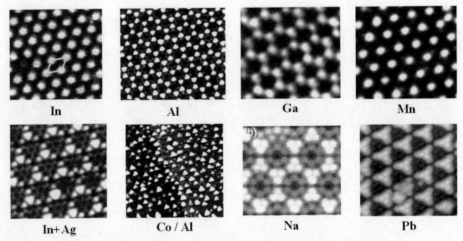

图 1 Si(111)-(7×7)表面上各种有序的金属纳米团簇阵列[2-6]

在 GaAs、GaN、ZnO 基等诸多光电子半导体材料中,ZnO 基半导体由于在自然界的丰度高,对人体无害,禁带宽度大等特点,近年来倍受关注。尤其是 ZnO 基半导体具有的 60 meV 激子束缚能,使得在室温或者更高的温度下,激子能够存在并具有极高的稳定性[7],受激辐射易于形成[8],在蓝光和紫外发光二极管、激光器以及紫外探测器等诸多光电子器件中具有广泛的应用前景,成为当前国际上的一个重要前沿研究课题。由于 $Mg_x Zn_{1-x}O$ 混晶由禁带宽度为 3.3 eV 的六角纤锌矿结构 ZnO 和禁带宽度为 7.9 eV 的立方岩盐矿结构 MgO 按照一定的组分比例固溶而形成,依据 MgO 摩尔比 x 的不同,可以在 3.3～7.9 eV 之间调控其禁带宽度,作为 ZnO 基半导体量子结构的势垒层,构造 MgZnO/ZnO 异质结、多量子阱以及超晶格,直接用于紫外发光半导体、短波发光二极管、太阳能电池及紫外波段光电器件等。

近年来,人们在利用 MBE 技术突破 $Mg_x Zn_{1-x}O$ 混晶材料生长的固溶度极限方面已取得了显著的进展,然而,有关高组分立方岩盐矿结构 MgZnO 混晶的生长却未见显著的进展。高组分 MgZnO 混晶的稳定相为立方岩盐矿结构,与 Si 的结构相失配较小,易于在 Si 材料上实现高晶体质量的外延生长;加上其大的介电常数(ε 为 10.5±0.5),可以作为 Si 电子器件中的 high-k 材料[9],是与 Si 电子器件集成的候选半导体。更为特别的是,高组分 MgZnO 混晶带隙宽,其相关光电子器件的工作波长更短,频率更高,在新型的半导体光电子器件中拥有更广阔的应用前景。但是,高组分 MgZnO 多结构相共存的难题不利于生长出高品质的 MgZnO 材料,极大地制约了其在各种光电器件中的应用。因此,深入研究高组分 MgZnO 混晶中的相变问题,特别是 Si 衬底上 Mg、Zn 等原子的吸附及其相互作用,将为解决相关的难题提供科学的依据,推动新型纳米光电子材料和器件的发展。为此,我们就 Si(111)-(7×7)表面 Mg/Zn 结构和 $Mg_x Zn_{1-x}O$ 混晶相结构的稳定性及其原子间相互作用开展研究。

175

图 2　超高真空分子束外延-扫描探针显微镜(UHV-MBE/SPM)联合系统实物图

实验工作主要在 Omicron 公司生产的超高真空(ultra-high vacuum, UHV)分子束外延(molecular beam epitaxy,MBE)和扫描探针显微镜(scanning probe microscopy,SPM)联合系统(UHV-MBE/SPM)上完成。其中分子束外

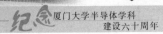
延和扫描探针显微镜为相对独立的两部分,由手动闸板阀(manual gate valve)隔开,两部分各有一套独立的真空泵浦系统用以获得超高真空,以便同时工作。在各个真空腔室之间样品的传递通过磁力传送杆(magprobe)和真空机械手(wobble stick)来完成。分子束外延部分由快速进样腔(fast entry lock chamber,FEL)和分子束外延腔(MBE chamber)组成。在分子束外延腔中配有三个金属源炉(knudsen diffusion cell, K-Cell)和两个射频等离子体源(plasma),可以实现2英寸(5 cm)的大尺寸样品和约0.2 cm×1.0 cm的小尺寸样品的外延生长,生长过程可通过反射式高能电子衍射(reflection high energy electron diffraction,RHEED)进行原位的实时监测。扫描探针显微镜部分由快速进样腔中、分析腔(analysis chamber)和扫描探针显微镜腔(SPM chamber)组成。扫描探针显微镜的主体置于SPM腔,通过CF150的法兰连接于分析腔的一侧,腔内设有8个空位的备件架(carousel),用于存放样品或针尖。利用分析腔中的四维样品操纵台(manipulator)可以对样品进行预处理以及简单的原子蒸镀。在实验过程中,首先将样品放入快速进样腔中,传入超高真空分析腔。用直流加热方式对样品进行表面处理。将处理干净的样品通过超高真空传样系统传到分子束外延腔中进行结构的外延生长,并用反射高能电子衍射仪对生长过程进行原位监测。完成结构生长后,再通过传样系统将样品传到扫描探针显微镜腔,对其进行扫描隧道显微镜(scanning tunneling microscopy,STM)表征。

STM主要是利用一根非常细的钨金属探针,针尖电子会跳到待测物体表面上形成穿隧电流,同时,物体表面的高低会影响穿隧电流的大小,针尖随着物体表面的高低上下移动以维持稳定的电流,依此来观测物体表面的形貌。换句话说,扫描隧道显微镜的工作原理简单得出乎意料,就如同一根唱针扫过一张唱片,一根探针慢慢地通过要被分析的材料(针尖极为尖锐,仅由一个原子组成)。一个小小的电荷被放置在探针上,一股电流从探针流出,通过整个材料到底层表面。当探针通过单个的原子,流过探针的电流量便有所不同,这些变化被记录下来。电流在流过一个原子的时候有涨有落,如此便极其细致地探出它的轮廓。通过绘出电流量的波动,人们可以得到组成一个网格结构的单个原子的美丽图片。由于STM对针尖的苛刻要求,所以实验早期都采取直接从公司购买针尖成品进行实验。传样中的掉针、观测中的撞针等操作失误加上扫描样品导致的自然耗损,使得实验初期我们在针尖这个耗材上投入了大量的资金。为此,组内的周颖慧师姐特意从北京的课题组那里学习了针尖的制作技术。简单来讲,就是将一根钨丝置于化学溶剂内进行电化学腐蚀。回到组内,我们自己搭建了一套简单的设备制作针尖:一次次地改变溶液配比、钨丝两端电流大小、通电时间等参数,一根根或大或小或粗或细或圆或扁的钨针尖在电镜下呈现在我们眼前。从不能用到偶尔能扫出图再到基本都能扫出图,STM制针技术在几届研究生的不懈努力下日趋完善,现在实验室的用针基本能够做到自给自足。

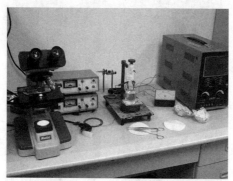

图 3　STM 针尖制备设备

对组内第一台的超高真空设备,要用好的背后就是老师同学们的辛勤付出。小到找不到适合的小螺丝,急用的非标扳手何处买,大到如何判断气体是否"起辉"正常,角阀的进气速率如何优化……随着一次次的开腔烘烤,实验记录本的慢慢增厚,我们在仪器运行一年之后较为准确地掌握了它的秉性,能够按照实验设想制备出 STM 扫图所需的样品。与此同时,STM 的参数调试也同期进行。无数次的闪 Si 成为入门必修课,扫出漂亮的 Si(111)-(7×7)表面就是开始各自实验方向的敲门砖。扫图的过程是枯燥的:扫描调压的细微变化,正负电压的不同表象,相同区域的重复扫描,不同区域的对照比较,大小尺度的更改变化……我们常说,好图只有在夜深人静或是你准备离开实验室时才会出现,虽是玩笑也不无道理。周昌杰师兄花了 3 周最终才得到一张他自己较为满意的 STM 图片,这种身边的例子也不断提醒我要静下心来,慢工出细活。

给力的针尖,熟练的样品制备,耐心的扫描参数调控,细心的观察分析,导师的方向引导,最终汇聚成了几张可以"讲故事"的 STM 图片。

首先,使用扫描隧道显微镜在室温下对 Mg 在 Si(111)-7×7 表面上的初期吸附过程进行了表征,根据 STM 图中亮点数目的不同,将吸附图像分成了 Ⅰ、Ⅱ 以及 Ⅲ 三种情况。采用第一性原理模拟计算 Mg 原子在 Si(111)-7×7 表面上吸附的构形。结果显示,单个 Mg 原子在 Si(111)-7×7 表面上会优先占据有层错半单胞的高配位 H。Mg 原子与周边 Si 原子相互作用较弱,可以克服一个 0.1325 eV 的低势垒,在一个 Si 中心顶戴原子附近的两个 H 位上进行扩散。随着 Mg 吸附量的增加,Mg 原子可以陆续占据其他被较高势垒隔开的 H 位,形成 Mg_2、Mg_3 的构形。同时发现,单个 Mg 原子、Mg_2、Mg_3 在层错半单胞和无层错半单胞的比例逐步下降。比较理论模拟图像和实验获得的图像发现,形成的 Mg、Mg_2 以及 Mg_3 三种较稳定结构分别对应于实验观察到的 Ⅰ、Ⅱ 以及 Ⅲ 图像。通过控制 Mg 的沉积量,使大小均匀、形状一致的 Mg 团簇吸附在 7×7 的

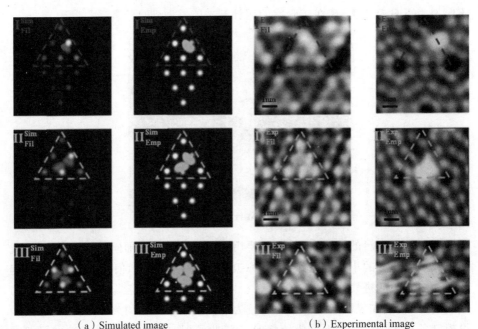

（a）Simulated image　　　　　　　（b）Experimental image

图 4　Mg/Si(111)-7×7 表面的占据态/空态的模拟/实验的 STM 图

注：上标"Sim""Exp"和下标"Fil""Emp"分别表示模拟、实验、占据态以及空态。

亚元胞上，并构成了具有六度对称性的二维有序结构。

其次，采用第一性原理计算模拟单个 Zn 原子在 Si(111)-(7×7)上的吸附。结果表明，Zn 会优先吸附于高配位 K。在 Si(111)-(7×7)表面生长出了全同的 Zn 纳米团簇，结合扫描隧道显微镜和第一性原理总能计算及理论 STM 模拟研究结果显示，Zn 纳米团簇中心倾向于被一个 Zn 原子所占据，使 Zn 纳米团簇不同于其他金属纳米团簇（$N=6$），形成最稳定的 Zn_7Si_3 原子构型。不同 Zn 覆盖度下 Zn/Si(111)-(7×7)表面的 STM 形貌研究表明，初期 Zn 会以纳米团簇的形式沉积在衬底表面，使表面呈现为高度有序的六角环形蜂窝状结构。进一步计算了 Zn 和 Mg 原子共同沉积在 Si(111)-(7×7)表面上的结构，结果表明，Zn 和 Mg 原子同时吸附于同一 Si 环状结构中具有一定的排斥作用；共同吸附时 Zn 和 Mg 原子趋向吸附于各自单独吸附时不同 Si 环状结构中的最低能量位。随着吸附原子的增多，将围成一六边形团簇。然而，由于 Zn 和 Mg 的最低能量位的差异，团簇的结构将随 Zn/Mg 的比例而变化，难以形成全同的结构。

最后，对不同 Mg 组分纤锌矿结构 $Mg_xZn_{1-x}O(x \leqslant 0.25)$ 的几何和电子结构进行模拟计算。计算结果显示，随着 Mg 组分的增加，晶格常数逐渐减小，晶体逐渐偏离纤锌矿结构；禁带宽度也随之增大，其主要原因为价带顶远离费米能级所致。研究结果表明，不同组分 $Mg_xZn_{1-x}O$ 的晶格常数差别很小，禁带宽度

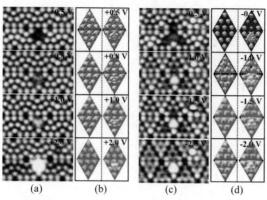

（a）和（c）分别为实验观测的 1 个 Zn 纳米团簇占据层错半单胞的变扫描偏压空态和占据态 STM 图像,空态 STM 图像从上到下的扫描偏压依次为＋0.5 V、＋0.8 V、＋1.0 V 及＋2.0 V,占据态 STM 图像从上到下的扫描偏压依次为－0.5 V、－1.0 V、－1.5 V 及－2.0 V;（b）和（d）分别为理论模拟的与实验对应的干净 Si(111)-(7×7) 单胞(左列)和 1 个 Zn 纳米团簇占据 Si(111)-(7×7)层错半单胞(右列)的变扫描偏压的空态和占据态 STM 图像

图 5　STM 图像

却相差较大,这有利于制备异质界面的量子结构。在上面结论的基础上,我们构建了不同 Mg 组分的纤锌矿和岩盐矿结构的 $Mg_xZn_{1-x}O(0 \leqslant x \leqslant 1)$ 模型,用于研究 $Mg_xZn_{1-x}O$ 混晶相结构的稳定性。计算结果表明,纤锌矿结构的 $Mg_xZn_{1-x}O$ 混晶的晶格常数及其 c/a 的比率都随着 MgO 摩尔组分的增加而减小,导致其慢慢偏离原来的纤锌矿结构。同时,最近邻的 Zn—O 键键角要大于最近邻的 Mg—O 键键角。当 MgO 的摩尔组分小于 0.69 时,纤锌矿结构的 $Mg_xZn_{1-x}O$ 总能要少于岩盐矿结构的 $Mg_xZn_{1-x}O$;当摩尔组分为 0.69 时,两者相等;大于 0.69 时,纤锌矿结构 $Mg_xZn_{1-x}O$ 的总能较高。当 MgO 的摩尔组分增加时,$Mg_xZn_{1-x}O$ 混晶将出现结构相变。不论是哪种结构的 $Mg_xZn_{1-x}O$ 混晶,在不同的 MgO 摩尔组分下,当温度上升到某个特定值时,其晶体结构都会变得不稳定。不同组分下,两种结构的 $Mg_xZn_{1-x}O$ 混晶均为直接带隙半导体,这表明两种结构的 $Mg_xZn_{1-x}O$ 混晶都适合用来制作短波长器件。

基于上述的研究成果,我们对 Mg 和 Zn 在 Si(111)-(7×7)表面上的生长结构、形成机制以及相互作用有了较为全面而深入的了解,为后续的生长及研究提供了较好的平台;对 MgZnO 结构相稳定性的讨论,将为生长出高品质材料提供科学的依据。在今后的工作中,将着重开展 Si(111)-(7×7) 表面上 MgZnO 的生长机制、结构相控制、量子结构等研究,推动新型纳米光电子材料和器件的发展。

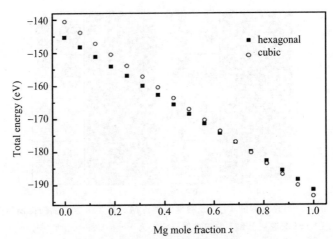

图6 六角(正方形)和立方(圆形)结构 $Mg_xZn_{1-x}O$ 混晶的总能

后 记

匆匆十年,从"纪念厦门大学半导体学科建设五十周年"到现在的"六十周年",实验组的许多师兄师姐、师弟师妹包括我自己都留在了高校、研究所,继续进行相关领域的研究探索。课题组不断发展壮大,越来越多的老师和同学加入了半导体研究这个领域。衷心祝愿厦大的半导体学科如校训所言"自强不息,止于至善"。

参考文献

[1] Ph. Avouris, I. W. Lyo, F. Bozso. Atom-resolved surface chemistry: The early steps of Si(111)-(7×7) oxidation[J]. J. Vac. Sci. Technol. B, 1991, 9(2): 424-430.

[2] J.L. Li, J.F. Jia, X.J. Liang, X. Liu, J.Z. Wang, Q.K. Xue, Z.Q. Li, J.S. Tsr, Z. Zhang, S. B. Zhang. Spontaneous assembly of perfectly ordered identical-size nanocluster arrays[J]. Phys. Rev. Lett., 2002, 88(6): 066101.

[3] J.F. Jia, X. Liu, J.Z. Wang, J.L. Li, X.S. Wang, Q.K. Xue, Z.Q. Li, Z. Zhang, S. B. Zhang. Fabrication and structural analysis of Al, Ga and In nanocluster crystals[J]. Phys. Rev. B, 2002, 66: 165412.

[4] J. Jia, J.Z. Wang, X. Liu, Q.K. Xue, Z.Q. Li, Y. Kawazoe, S. B. Zhang. Artificial nanocluster crystal: Lattice of identical Al clusters[J]. Appl. Phys. Lett., 2002, 80(17): 3186-3188.

[5] K. Wu, Y. Fujikawa, T. Nagao, Y. Hasegawa, K. S. Nakayama, Q. K. Xue, E. G. Wang, T. Briere, V. Kumar, Y. Kawazoe, S. B. Zhang, T. Sakurai. Na adsorption on the Si (111)-(7×7) surface: from two-dimensional gas to nanocluster array[J]. Phys. Rev. Lett.,

2003，91(12)：126101.

[6] S.C. Li，J.F. Jia，R.F. Dou，Q.K. Xue，I.G. Batyrev，S.B. Zhang. Borderline magic clustering：the fabrication of tetravalent Pb cluster arrays on Si(111)-(7×7) surfaces[J]. Phys. Rev. Lett.，2004，93(11)：116103.

[7] Y.F. Chen，D.M. Bagnall，K.T. Park，K. Hiraga，Z.Q. Zhu，T. Yao. Plasma assisted molecular beam epitaxy of ZnO on *c*-plane sapphire：Growth and characterization[J]. J. Appl. Phys.，1998，84(7)：912-3918.

[8] D.M. Bagnall，Y.F. Chen，Z. Zhu，T. Yao，S. Koyama，M.Y. Shen，T. Goto. Optically pumped lasing of ZnO at room temperature[J]. Appl. Phys. Lett.，1997，70(17)：2230-2232.

[9] J. Liang，H.Z. Wu，N.B. Chen，T.N. Xu. Annealing effect on electrical properties of high-*k* MgZnO film on silicon[J]. Semicond. Sci. Technol.，2005，20：L15-L19.

三

勤业博学　桃李芬芳

不忘初心　勇敢追梦

陈珊珊

欣闻母校物理半导体学科建设六十周年,内心无比骄傲与自豪。作为由厦门大学自主培养并成长起来的年轻一代物理人,对母校的眷恋,对在这美丽校园里度过的十多年时光,内心有千言万语。在此,仅以寥寥文字记录那段岁月。

一、懵懂依旧的本科

2001 年,我以高出厦大录取线 50 多分的成绩,考进了厦门大学物理系物理学专业。当时的自己并没有对物理学有清晰的认识,只是基于简单的兴趣。本科第一年,自己像大多数人一样,还未从高三毕业假期的快乐中回过神,有点浑浑噩噩,除了保证不挂科之外,似乎没有给自己设立什么深层次的目标。所以当大二有了一个去山东大学交流学习的机会时,我立刻报了名。在山大物理系,我结识了一群热爱物理的同学,他们课上积极追问、踊跃发言,课下相互讨论,勇于求证,关注各种前沿物理新闻,这深深地吸引了我,也带动了我学习物理学的兴趣。

课堂上,老师精彩的演讲深深地吸引了我。令人印象深刻的有朱梓忠老师的固体物理、赵鸿老师的量子力学、康俊勇老师的半导体物理等讲解。尤记得那段时间吴晨旭老师的全英文电动力学授课,引发我用英文学习物理课程的热情。就这样,经过一学年多不懈地学习之后,大四时,我在物理学专业学生中成绩排名第二,获得了被保送研究生的资格。为了探究物理学的奥妙,我选择在厦大继续攻读物理学研究生。

二、渐入佳境的研究生生活

我第一次接触"半导体"这个名词是在 1998 年,当时自己刚考入莆田一中,入学教育时了解到林兰英院士是校友,她被称为中国半导体材料之母。当时只是觉得,在莆田这样一个小地方,近代能够走出这样一个了不起的女性,实在是我等小辈的楷模。没想到自己七年后会在厦大学习半导体物理，并且也从事了新一代半导体材料的制备研究。

2005年，我正式进入康俊勇老师的课题组学习，开展的第一个研究项目是InN/GaN量子点结构材料可控制备及其电子性质。基于大四毕业设计掌握的原子尺度材料模拟计算机程序软件包（vienna ab-initio simulation package，VASP）模拟计算基础，我很快就完成了第一篇英文论文。研二开始进入实验室，那时候光子学中心刚成立几年，MOCVD设备在2005年成功搭建，我们成为物理系非常幸运的一批学生。还记得当时，第一次穿上洁净服，进入亦玄馆的超净间，了解超净室的设计，学习MOCVD设备的构造和使用，一切都那么新鲜。MOCVD运行也很好，InN薄膜和InN/GaN量子点材料也很快制备出。唯一的缺憾是物理系没有扫描电镜、原子力显微镜、变温光致发光谱等表征测试设备，大部分的表征需要到其他院系预约和联系，实验周期拉得很长。

博士一年级，我在Tomoya Ogawa教授指导下开展了第二个研究项目——设计搭建多结太阳能电池交流电致发光测试联合系统，用于检测多结太阳能电池各子结电池的质量和缺陷。这是我第一次学习设备设计和搭建，相应的成果最终获得了国家发明专利授权，也让我在2009年第二届国际光子学和光电子学会议上收获了"Best Paper Award"。

博士二年级，我入选国家留学基金委资助的联合培养博士生项目，赴美国德州大学奥斯汀分校（UT-Austin）交流学习，加入了国际知名碳材料专家Ruoff课题组，开展国际前沿的石墨烯二维材料制备及其特性研究。这是我求学生涯中的第二个挑战，除了材料制备的概念相近外，石墨烯和我在国内的研究领域完全不同，而这只是我当时能预见到的一个小问题而已，更大的困难还在后面。到美国后，自己很快发现，国内学生从文献阅读、课题选择、研究手段，甚至实验参数如何选定，都是在导师的指导下完成，与国内导师培养学生的模式不同，在国外，这一切都需要学生自己"搞定"。我们这些在国内温室里培养出来的花朵，瞬间被扔到了一个原始森林。你需要自己觅食，自己找课题，自己想办法开展实验，甚至连办公室位置都需要自己找。国外激烈的竞争环境，让人不得不打起十二分精神。好在前期为了出国准备过雅思考试，听力、口语魔鬼训练了一阵，又及时强化了专业英语，基本可以满足工作上语言的沟通需求。2009年，石墨烯研究开始进入高潮，而Ruoff课题组是铜基底上单层石墨烯自限制生长方法的发明单位，而我也有幸参与了后续工作，开展了层厚可控大面积石墨烯的可控制备研究。在材料制备过程中，又进一步基于材料的特性展开了抗氧化特性、热输运研究等工作。

美国高校对发表的论文没有第一单位的要求，各高校或科研单位之间的合作很广泛，课题组有很多工作都是和其他单位合作完成的。我在美国的博士和

博士后期间,合作的教授也很多,其中成功和失败的项目都有。通常能够利用和发挥双方强项的合作,均可做出很好的成果。例如,博士毕业前期开展了同位素石墨烯的热导率特性研究,这是组里一直想做的一个工作,但是由于石墨烯材料的不可控制备而难以实现。2011年,我们发展了铜基底上亚毫米单晶石墨烯可控制备技术后,通过精确计算石墨烯晶畴的尺寸,我在同一个样品上的同一个石墨烯单晶晶畴上实现了四种不同同位素丰度石墨烯的生长,并进一步转移到悬空衬底上,利用非接触拉曼光学测量法研究同位素纯度对石墨烯热导率的影响。实验首次发现,高纯石墨烯(0.01%,约4400W/mK)的室温热导率比天然丰度(1.1%,约2600W/mK)石墨烯高了近70%。我们很快将实验数据整理成一篇论文,联系了加州大学河滨分校的Balandin教授进行深入讨论分析,又进一步联合德州大学达拉斯分校的Cho教授开展理论模拟计算,相关工作进展很顺利,我们的论文于2012年初在Nature Materials上发表。论文发表后很快引起广泛关注,被国际知名的英国皇家物理学会Nanotechweb.org、美国Phys Org、综合性科技资讯网站Network World等多个机构撰文专评。其中,美国物理评论网站Physics World的专评文章评论我们的工作不仅有助于帮助发展新的二维热输运理论,并认为在芯片制冷方面有潜在的应用前景;IEEE Spectrum则以"新型石墨烯打开了其在电子器件散热方面应用"为题专文介绍本项研究成果。尽管曾经在圣诞节前夜还在做拉曼测试,也曾在实验室熬夜通宵,但是当论文发表,所做的工作被广泛关注追踪后,你会觉得自己一切的付出都是值得的,此刻你才能真正体会到科研工作所带来的成就感和充实感。从那时开始,我发现自己已经在不知不觉中喜欢上了科研工作。

三、优博的申报

对每一个博士生来说,全国优秀博士学位论文评选几乎是最高的荣誉和奖项。每年评选一百篇,包含所有学科,分配到每个专业方向上就更是寥寥数篇,获奖难度非常大。2012年博士毕业一年之后,我的毕业论文被福建省评为优秀博士论文并获得一等奖,因此被推荐申报全国优博。2013年底全国优博评审结果出来时,厦大在微电子、化学、数学等五篇博士论文入选全国百篇优秀博士论文。我的论文也成为厦大首篇工科优秀博士论文,成为厦大工科零的突破。又因为2013年后教育部就停止了全国优博的评选,所以我这个优博也成了厦大工科最后一个全国优博。我无疑是非常幸运的。

四、独立科研的开始

在厦大物理系担任教职工作后不久,我分到了20平方米左右的独立实验室,经过自己设计装修并搭建设备之后,加上多名学生的加入,算是建立了自己的独立课题组。

在美国的时候，自己有一种很强烈的感受，就是美国名校培养的本科生在科研能力和对基础知识的掌握方面相比于国内本科生（如 985 高校的学生）并没有明显的优势，甚至国内的学生对知识掌握得更好，也更勤奋。那么，为何在研究生阶段科研成果的产出方面，双方有着这么大的差距呢？

从硬件条件和软环境两个方面考量。相比国内，美国高校确实有着硬件方面的优势。例如，UT-Austin 有很好的测试平台，涵盖了物理、材料、微加工等方向的常规和非常规设备，这些设备基本对所有学生开放。只要你通过了培训，就可以独立操作这些设备。而且设备 24 小时开放，如果你预约不上白天时间，实验又很急，可以通宵做实验。实验效率高，周期短，容易出成果。虽然国内高校近年在硬件上投入也很大，相比过去有了很大的提升，但测试设备的全面性及开放程度仍显不足。拿自己的工作来说，目前相当一部分精力依然要花在给学生寻找需要的测试设备上。例如，前段时间我们需要检测基底材料的晶向，要用到附带电子背散射衍射（electron backscattered diffraction，EBSD）装置的扫描电子显微镜系统，结果跑了国内的好几家单位才完成基本的测试。

除了硬件的差距外，科研团队的研究视野、学术氛围、竞争意识等软环境更为重要。在一个好的科研环境里，导师不查岗，底下的学生、博士后自己也会自觉工作、加班，只因为他们自己有动力，希望更快、更好地解决难题，做出成果。所以当我自己开始独立做 PI（principal investigator）时，我更大的压力来自于如何调动学生的积极性，培养科研的兴趣；如何建立一个既宽松，又能发挥学生潜力的学术环境，来让学生快乐、主动地做科研，享受科研的乐趣。这些问题目前并没有现成的答案，自己只能慢慢摸索。但是无论如何，我的内心始终都坚守着一个梦，一个科研路上勇于探索、不断追寻的梦，一个植根于厦大、成长于厦大的物理梦，这个梦是无数厦大物理系的前辈开创、奠基、培土，并不断呵护成长的梦，相信它在某一天将结出丰硕的果实。而作为其中一分子，我希望自己在这个过程中能贡献一份绵薄之力。我也确信，随着一个个优秀的新生力量的加入，厦大物理人将秉持"自强不息，止于至善"的南强精神，继续创造厦大物理学事业一个又一个辉煌。

LED 技术日新月异　半导体人才继往开来

钟志白　郑锦坚　藏雅姝

　　光电技术是半导体学科领域的重要分支,面对全球经济一体化、生产信息化的进程,光电技术被认为是 21 世纪最具发展前途的高新技术领域,是国家鼓励重点攻关的高新技术。以发光二极管 LED 为代表的半导体照明是光电技术中一个重要分支,其器件具有优良的光学特性和电学特性,而且具有节能、环保和长寿命等应用优点。近十年来,LED 系列产品的需求量不断增大,其应用范围也不断扩大,波长从最开始的红黄光发展到蓝绿光及紫外光。目前,LED 应用已经遍及全色系发光产品。LED 技术也在不断更新发展,外延结构从简单的PN 结演化到异质结以及量子阱等复合结构,芯片结构从垂直和水平结构变为倒装以及薄膜芯片。LED 技术日新月异也缩短了产品推陈出新的周期。面对蒸蒸日上的科技发展,创新型人才和高端技术人才的需求问题日趋严峻。厦门大学作为半导体照明产业不可替代技术依托单位,结合国家光电子技术及产业的发展计划,聚焦在半导体"光""电"领域,不断研究进取。厦门大学半导体学科在 LED 的机理、结构、器件、应用等研究开发中先行先试,为整个 LED 产业的发展提供了宝贵的科研结果,并为半导体照明领域培养了大量的优秀人才。

一、莘莘学子,硕果累累

　　习近平主席指出:"科技创新绝不仅仅是实验室里的研究,而是必须将科技创新成果转化为推动经济社会发展的现实动力。"习近平强调:"科技成果只有同国家需要、人民要求、市场需求相结合,完成从科学研究、实验开发、推广应用的三级跳,才能真正实现创新价值、实现创新驱动发展。"厦门大学与以厦门市三安电子、华联电子、通士达等为代表的知名企业联合形成了厦门市白光照明的产学研基地,加快促进厦门市成为国家首批半导体照明产业化基地之一。厦门大学作为技术依托单位,积极参与制定厦门市光电子技术发展规划,培养和输送优秀的技术和管理人才,推动厦门半导体材料与器件研究成果更好地向产业转移。

以蔡伟智、何晓光及李水清等为代表的厦大学子参与了三安电子 LED 产业的起始建设和管理,建立了 LED 外延芯片和封装测试生产线,并逐渐使三安电子成为国内 LED 龙头企业。蔡伟智是三安光电股份有限公司技术中心副总经理,李水清是三安科技有限公司总经理;潘群峰、洪灵愿、林雪娇等从厦门大学物理系毕业后,扛起了三安电子科研攻关的任务。潘群峰是三安光电股份技术中心创新研发部经理,洪灵愿是三安光电股份技术中心芯片开发部副经理,林雪娇是三安科技工程部经理。2006 年,三安电子参与厦大承担的国家“863”计划项目“GaN 基半导体材料设计与关键外延技术开发”,在厦大康俊勇老师的带领下,加快资源共享,互相探索。在双方的积极合作下,通过衬底预处理、生长极性控制、AlN 缓冲层生长、V / III 比优化、应力释放与控制等各项工艺的摸索,掌握了较高质量 AlN 和高 Al 组分 AlGaN 的外延生长技术,项目组在两年内采用厦大自主生长的外延片,制备出了正装、倒装等多种发光波长的 UV-LED 器件,实现了器件的电致发光(EL),其波长在 213～300 nm 范围可通过调整 Al 组分而改变。厦门大学在深紫外二极管探索性的研究,为整个行业发展奠定了基础,也推动三安电子深紫外二极管产品开发的先行先试。与此同时,厦门大学与三安电子密切合作,在国内率先开发新型垂直结构的蓝光 LED 产品,通过双方的探索研究和设备共享,工程师两处奔波试验测试,夜以继日,加班加点,终于在 2007 年临近春节前,点亮了第一代垂直 LED 蓝光芯片,那条短信就是一封振奋人心的捷报,那一张点亮的垂直 LED 照片就是一个见证(如图 1 所示),它述说着那段光辉岁月。这项研发合作也为后续蓝光垂直结构 LED 产品量产开创了示范性工程。

189

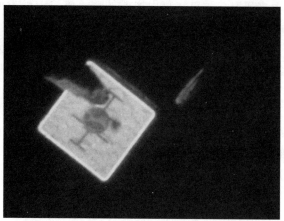

图 1 三安电子第一代垂直结构蓝光 LED 点亮照片
(厦大微机电中心激光剥离,林雪娇于 2007.02 拍摄)

一代代的厦门大学毕业生在三安电子做出一项项的科研成果。科学知识指

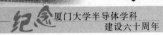

导生产技术,生产技术的发展需要与科学知识紧密结合。郑锦坚带着业界急需解决的 LED 效率下降问题,毅然再次走入厦门大学校门进行深造。在老师们的指导下,反复琢磨,巧妙地设计了原位 Raman 散射方法。经不断尝试和改进,克服了从 LED 强发光条件下测得微弱的 Raman 散射光的难题,系统测量了不同工作电流下 Raman 光谱的移动,掌握了 LED 工作时应力变化的规律。经与最终实现第一性原理模拟结果比对,揭示了 LED 效率下降的机制,并提出改善 LED 效率下降的技术方法,有效地提高了产品的性能。

厦门大学多渠道地为光电产业人才提供顶级技术服务,与三安电子联合成立的博士后工作站,培养出很多高端人才。例如,2012 年,厦门大学物理系毕业生吴政博士通过半导体与不同金属的应力改变分析,设计了垂直结构芯片的 NiSn 键合层,大大降低了产品的成本,推动了垂直 LED 芯片市场化;梁兴华博士开发了新一代 LED 芯片超垂直薄膜芯片,改善了特殊大功率照明的散热问题,提高了超高功率 LED 产品的性能;厦门大学与三安电子搭建了工程硕士联合培养平台,批量为在职的硕士生提升知识水平。随着企业一批批工程硕士的毕业,半导体光电领域也将创造出更多的科技成果。

二、创立新模式,开拓新领域

厦门大学的半导体物理学科已成立 60 年,在半导体材料、器件和应用研究方面具有很强的底蕴和实力。厦门大学相关学科的研究人员承担了国家"863"计划、"973"规划、国家半导体照明工程"十五"攻关计划重大任务、国家自然科学基金重大和重点项目、福建省自然科学基金重大和重点项目、省市科技项目等相关课题的研究,很多研究成果已实现向产业转移。厦门大学为地方产业的服务更是体现于引领企业的技术研发或合作承担科研攻关项目,积极促进"产、学、研"的结合,并向企业输送项目创新人才。此外,厦门大学不断为企业人员创造进修的机会,提高其相关专业知识和技术水平,为企业技术发展储备人才。

为此,厦门大学充分汇聚现有创新力量和资源,于 2014 年组建了协同创新中心,建立多种创新模式,促进高校与企业的深度融合,以构筑海西半导体光电材料及其高效转换器件创新产学研基地,打造创新团队,培养新锐人才。协同创新中心创新氛围浓厚,中心成员研发积极性高昂,联合指导的年轻成员藏雅姝正协同开发深紫外发光二极管,开拓深紫外 LED 产品的新技术领域;钟志白也在深紫外二极管和探测器的集成应用上进行探索性开发,有望成为深紫外领域的创新人才。LED 技术的蓬勃发展,激励一代代厦大学子步入半导体光电领域,砥砺奋进,继往开来。

聚焦企业需求 服务行业发展

——记物理系工程硕士研究生教育的发展历程

蔡加法 陈主荣

近年来,福建及厦门地区的光电子产业发展迅速,迫切需要一大批具有研发新技术、新产品能力的高层次人才。为了优先支持国家重大战略、产业发展,服务经济社会,积极发展相关的学科专业学位研究生教育,建立与人才需求紧密结合的学位授权动态调控机制,促进高层次人才培养与产业、行业、企业紧密结合,改变工科学位类型比较单一的状况,完善具有特色的学位制度,厦门大学物理系抓住推动高校加快学科建设、转变培养模式的机会,根据设置工程硕士专业学位和培养工程硕士的指导思想及原则,契合产业需求,经与信息学院协商并报学校研究生院批准,在电子与通信工程领域设置了"半导体光电子技术"方向,即电子与通信工程领域(B方向),主要包括微电子技术、LED照明与光伏工程、光电检测技术、光电器件、平面显示技术等研究方向。厦门大学物理系工程硕士主要依托物理系教育部微纳光电子材料与器件工程研究中心、福建省半导体材料及应用重点实验室、厦门市光电信息材料与器件工程技术研究中心、厦门大学半导体光子学研究中心等研发平台,并与厦门华联电子有限公司共同建设福建省物理学研究生教育创新基地,与厦门华联电子有限公司、冠捷显示科技(厦门)有限公司、艾尔丹光电有限公司等企业合作建设教学实习、实践基地。聘请厦门华联电子有限公司、厦门三安光电科技有限公司、厦门乾照光电股份有限公司、智恒(厦门)微电子有限公司、厦门惟华光能有限公司、宸鸿科技厦门分公司等企业的研发部门主管与技术专家为企业兼职导师,共同参与研究生培养工作。

物理系于2006年启动工程硕士学位教育申请,2008年开始招收。在各级领导的关心及相关企事业单位、物理系多个科研课题组和老师的大力支持下,物理系工程硕士教育形成较为独立的教学体系,具有较鲜明的特色,主要包括:

一、加强组织管理,重视课程体系建设

为了加强组织管理,学院专门成立了工程硕士办公室,成立了由主管副院长

191

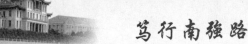
和博士生导师等组成的工程硕士领导小组。领导小组负责工程硕士相关的事宜，如招生宣传、组织复试、与企业导师的沟通和交流、课程安排、教学大纲编写、任课老师的安排和协调、工程硕士毕业论文的选题等。

二、聚焦企业需求，服务行业发展

物理系秉承"自强不息，止于至善"的校训，将以服务企业为宗旨的原则贯穿于工程硕士培养之中，与企业联合开展招生宣传与组织工作，共同制定培养计划，共同指导论文，共同实施教学管理。光电是厦门地区的支柱产业之一，集中了冠捷科技、友达光电、晶宇光电、厦门华联、三安光电、信达光电、立达信光电等众多知名光电企业，我们有针对性地开设了"光电子技术基础""平面显示技术""大功率 LED 驱动电路""光电检测技术""微电子器件工艺""色度学"等专业课程，注重理论性与应用性、基础知识与最新技术的有机结合，注重学生综合素质和应用能力的提高。

三、制定合理的培养方案，采用灵活的教学方式

工程硕士的培养通常采用"在校不离岗"和"导师负责"的在职攻读学位的培养模式。学生来源于企事业单位，他们虽然具有一定的实践经验，但在所学专业、从事岗位等方面具有极大的跨度，并且工作繁忙，因此不能机械地照搬学术研究型人才的培养方案。在制定培养方案时，明确以培养复合型、应用型人才为目标，注重将专业基础课的共用性与侧重性结合，适当降低理论推导的比重，增加方法应用的内容。在课程设置上，本着紧密结合生产、学以致用的原则，增加学科前沿课程和讲座，聘请企业高级技术和管理人员结合学校举办各类讲座，实现校企紧密合作。

针对生源专业跨度大的特点，在传统面授的基础上大力采用启发式、研讨式的教学方法，注重案例教学。学生分成若干小组，针对实际案例收集资料，撰写分析报告，集中讨论，培养分析和解决问题的能力。部分专业课程紧密结合实验，把教学现场延伸到实验室，理论结合实际，一方面，可以把较抽象的理论知识具体化、可视化；另一方面，又可以通过实际操作获取实验数据，再由实验数据验证理论公式，从而加深了学生对基本概念的感性认知。

四、坚持双导师制度，保证理论结合实际

工程硕士学位论文指导采用"双导师"制，即由学校和企业导师共同指导，学校导师注重学位论文科学理论方面的指导，而企业导师主要负责技术手段方面的指导。

聘请长期在生产第一线或在重要管理岗位的工程技术人员和高级管理人员

192

担任兼职教师,开展工程实践技术讲座。

五、注重工程硕士实践基地建设

实践基地建设是实现工程硕士生"工程化"培养目标的有力保障。实践基地既起到企业与学校沟通的桥梁作用,又为工程硕士提供必要的教学设施和工程实践条件,有利于学生在做好本职工作的同时攻读学位,把科研成果转化为生产力,把人才培养与企业技术进步结合起来。我院已与厦门华联、冠捷、友达、晶宇光电等大型科技企业建立战略合作伙伴关系,充分发挥和挖掘我校资源,双方已形成委托培养、订单培养等意愿,与厦门华联、晶宇光电建立了研究生培养基地和产学研项目。

(a)签约　　　　　　　　　　　　　　(b)揭牌

图 1　物理系与厦门晶宇光电共建工程硕士研究生联合培养基地签约和揭牌仪式

经过上述努力,物理系工程硕士教育经历了从无到有且影响力逐渐扩大的发展过程。从 2008 年的第一批 5 名学员开始,逐步扩大到 2009 年的 10 名和 2010 年的 34 名,目前在学人数已接近百名。广大教师正针对发展过程中碰到的困难,加大解决问题的力度。

在教学方面,工程硕士生源的知识结构差异很大,有的是理科专业,也有工科甚至还有文科和商科专业,所从事的工作不尽相同,工程硕士课程的设置既要考虑生源知识结构的差异以便确定开设课程的难易程度,又要考虑其工作岗位对专业的需求,二者之间较难取得均衡。另外,工程硕士招生对象为具有一定工作经历的在职人员,采取的是进校不离岗的不脱产培养模式,但工程硕士生往往是企业骨干,他们有较重的工作任务和生活压力,学习时间分散,学习与工作成为工程硕士生学习期间最为突出的矛盾,会较大影响上课出勤率和教学效果。为此,我们增加选修课程的开设,让学员有更大的选择空间,做到按需培养。另外,也尝试进行基于远程视频会议系统的教学方法,在学员集中的企事业单位开设分教室,任课教师和学员通过视频实时互动,减少学员出行的时间,提高教学

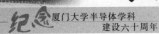
出勤率。

　　根据教育部的相关政策,从 2016 年开始,不再组织在职人员攻读硕士专业学位全国联考(graduate candidate test,GCT),而是以非全日制研究教育形式纳入国家招生计划和全国硕士研究生统一入学考试。同时,学校也开始实行招生总量控制、择优录取的方式选拔工程硕士,二者均可能导致生源数量下降。针对生源数量受限的问题,我们争取学校政策支持,与大型科技企业开展委托培养、订单培养的工程硕士培养模式。